7大增能領域 × **153**款遊戲提案

滿足好奇心、玩出同理心、提升社交力

專為孩子設計的

親子**互動遊戲**

──── 大全集 ────

「一起玩遊戲」是協助孩子成長的最佳禮物

對孩子來說，遊戲就在日常生活中，但近來孩子的遊戲大多是透過玩現成的玩具、到遊樂場玩、看電視或滑平板，令人深感惋惜。了解適合孩子的DIY遊戲，對於身為兒童心理治療師的我來說，不僅是一份工作而已，我在其中同步考量著孩子與朋友相遇的空間的模樣，也看見不同年齡階段的孩子如何透過遊戲有了變化。DIY遊戲，是孩子們成長的魔法棒，除了能打開孩子的心房，更是協助訓練孩子生活必需能力的動力。

看著在公園自由奔跑玩耍、開懷大笑的孩子，那美好的畫面總是令人愉悅，然而當孩子因還想繼續玩而耍賴、需求沒有得到滿足而嚎啕大哭時，身為父母的我們會感到慌亂是自然的。我們可能因為工作、日常瑣事而疲憊不堪，沒有辦法體會孩子沉浸在遊戲中的心情，只想盡快讓孩子停止哭泣，就像塞上安撫奶嘴一樣，期望玩遊戲就像寫作業一般，可以說結束就結束。

然而，**孩子想繼續玩遊戲的心情，與單純想玩玩具不同，孩子真正喜歡的是「跟最愛的爸爸媽媽一起玩、跟朋友一起快樂地玩」**，愉快的遊戲是孩子成長的維生素，更是良好的治癒劑，在遊戲中凝視彼此，互相分享快樂，非常有助於孩子放鬆與表達情緒。

《專為孩子設計的親子互動遊戲大全集》是一本提供父母與孩子、孩子的朋友一同體驗在遊戲中開心玩樂的書籍，也是能讓父母給予孩子愛與快樂的一本溫暖的遊戲書。

在審訂這本書的過程中，我實實在在感受到這真的是一本「以父母的愛所創作的書籍」，**書中所有遊戲都是為了增進孩子的創意力、社會適應力，以及考慮孩子情緒發展、肌肉發展，是一本能夠讓孩子成長的綜合禮物。**

本書提供讓孩子與父母、與朋友，或獨自一人玩皆可的，如同彩虹般多元且有助快樂成長的遊戲。透過本書提供的遊戲，能提高孩子注意力、成就他們靈巧的雙手，還能學習到和朋友分享當下心情，體驗快樂、愛、開心、成就感，與期待、惋惜、共鳴等不同的體驗，在孩子心中種下樂於嘗試的種子，並且在遊戲中發展出卓越的社交力、創意力。

父母如何看待、引導孩子投入遊戲活動，會對孩子產生截然不同的效果，就讓我們跟著本書的互動遊戲，與孩子一同幸福地沉浸在遊戲中吧！

《育兒煩惱？氣質育兒是解答》作者
兒童心理治療師／兒童心理學專家 崔恩榮

陪孩子在遊戲中成長

　　我的前作《以孩子為主的創意遊戲》出版年逾,孩子依舊很開心地玩著裡頭的遊戲、健康成長著,不知不覺,也從一個總是央求「媽媽陪我玩」的孩子,成為一個更常說「好無聊～我可不可以找某某某來家裡一起玩」、覺得跟朋友一起更好玩的小學生了。

　　孩子上小學後仍然跟幼兒園時期的朋友保持聯繫,常常邀請朋友到我們家來玩,我因此有了更多觀察孩子們的機會。即便是面對很要好的朋友,孩子們也可能在遊戲中產生爭執,「我沒有說可以碰我的玩具!」「你為什麼每次都犯規?」「為什麼只有你有好的」等。我也曾經思考過,難道是因為我的孩子是獨生子女的緣故,比較不容易體貼同儕嗎?也曾經煩惱過該不該出面調停,不過最後還是決定暫時不插手,繼續觀察看看。萬幸的是,孩子們往往在爭執後,依然可以再次一起開心玩。

　　不管是孩子和父母,都需要透過經驗來成長。例如今天孩子們吵了三次架、下一次可能是兩次,我持續關注孩子之間的互動,曾經是與媽媽一同遊戲而成長的孩子,如今認真地與朋友透過遊戲交流、互動、建立人際關係,也逐漸增加社交能力,除此之外,孩子也透過遊戲學習到同理和互惠,並透過嘗試不同領域的遊戲,找到自己擅長的部分。能陪著孩子一起共度這段時光,我感到非常欣慰。

　　這本《專為孩子設計的親子互動遊戲大全集》大多是能讓孩子和家長、朋友一起玩的遊戲,甚至也包含我兒時玩過的遊戲,所以,當孩子提出「媽媽小時候

也玩過這個嗎？」「媽媽也知道這個嗎？」這類疑問時，聽到我說自己七歲時也是這樣四處探險，孩子露出了覺得相當神奇的表情，而且也很開心自己能跟媽媽玩同樣的遊戲，那一刻，孩子的表情真的相當可愛。

回想和孩子共度的有趣片段，例如我們一起「邊唱歌，邊畫畫」（第14頁），並創作出屬於我們的歌曲時；例如雨天時，孩子想起「蟲蟲會順著長春藤爬出來」，於是一邊哼唱著「動來動去的小蟲蟲」（第120頁）的歌詞、一邊隨意畫下點點，取代歪歪扭扭的線條，最後畫出了自己的創意作品。孩子的創造力總是令我感到震撼。

2020年，因為新冠肺炎的威脅，使得我們多了許多在家與孩子相處的機會，國小學童原本會在學校、在操場與朋友一同奔跑遊玩，而今卻只能在家高喊著「好無聊～」，我們當家長的，原本以為會是一段能與孩子相處的快樂時光，但事實是，在這段期間裡，不管是父母和孩子都漸漸感到疲憊不堪。

就我所知，不少家長正深陷於是否要將育兒的責任交給電視、平板或YouTube的掙扎中。而這正是本書派上用場的時候。書中不僅收錄能讓孩子全心投入、享受美感與創意的「美術遊戲」；協助孩子建立在AI時代容易欠缺的社交能力，包含能帶動孩子心理成長的「角色遊戲」、可以和友伴一起活動身體的「身體遊戲、手部遊戲」等，並且享受延伸新遊戲的樂趣。除此之外，本書獲得兒童心理專家崔殷貞老師不少建議與協助，讓家長們了解如何預防以及妥善處理孩子們在遊戲中的衝突。

前輩媽媽們總說「好好享受這個時刻，再過一段時間孩子就不會再黏著妳囉」，這段意外得來的相處時間，雖然可能讓許多父母不知如何是好，但相信本書的出現，能為大家提供更多元的親子互動方式，把「不知所措的時光」轉變為「幸福快樂的時光」。

智瑜媽媽／兒童讀物設計師 崔延朱

遊戲衝突的預防與解決

Q 當有人單方面主導遊戲時，家長需要介入嗎？

A 遊戲最重要的是「互惠」——我喜歡、你也喜歡，就是最好的遊戲。尤其是2～7歲的孩子，雖然此年齡階段的發展特徵是「以自我為中心」，但如果遊戲規則每次都是同一人決定，孩子就無法在遊戲中輪流學習主導與接納，這時需要大人的介入與協助，讓孩子學習選擇喜歡的遊戲，以及透過需要和他人一起進行的遊戲，邊玩邊學習角色互換、主動，以及關懷彼此。

Q 孩子在遊戲中總是感到孤單，我只能旁觀嗎？

A 團體一起玩遊戲時，孩子們可能想不斷轉換遊戲類型，但是專注力高、持續力強的孩子，對於不斷轉換遊戲這一點可能難以適應，會出現孤單的感覺；或者在捉迷藏遊戲中總是當鬼、總是被攻擊的孩子，會體驗到挫折與被孤立感。大人的陪伴非常重要，要注意孩子們是否在團體遊戲中「讓別人受傷了」或是「一直不敢表達自己的感覺或想法」，透過教導孩子「一起」的價值觀，讓孩子知道遊戲規則的目的是「每個人都能玩得開心」，並協助孩子決定順序，讓每個人都有機會學習表達與傾聽。

Q 有個愛開他人玩笑又調皮的孩子，該怎麼辦呢？

A 群體當中總是會有比較調皮的小孩，可能只是一時覺得有趣，但卻因此妨礙到遊戲的進行以及遊戲的氣氛。這樣的孩子可能是覺得現在進行的遊戲不有趣，或是害怕他人發現自己能力不足，或是無法感受到周圍的情況，或者只是情緒反應較大的孩子。這時大人可以溫柔但堅定地制止孩子的不當行為，試著了解孩子真正的想法，才能協助孩子找出方法，在享受遊戲的同時也能保護自己，並正確理解周遭的情況。

Q 產生衝突時，家長何時介入、如何介入呢？

A 孩子們在遊戲中產生衝突是很自然的事情，大人需要介入的時間點應該是發現孩子有危害自己或他人的行動時，而且不能讓孩子在衝突中單方面主張自己的意見。此外，如果孩子只是在表達自己的心意與情緒時，就不需要大人的介入，但如果出現一方脅迫另一方承受的情況時，大人就必須出面。好的介入是必須先「確認雙方的情況與主張」，並「提出雙方皆可接受的仲裁」，或是「提供孩子們找尋仲裁方式的機會」。若孩子與朋友一同玩耍時，常常說出「都是某某某的錯、很討厭」時，請協助孩子與對方找出各自做得好的部分，讓彼此意識到對方的好，以正向肯定的方式協助孩子們產生能夠修補挫折的情緒空間。

Q 孩子不服輸就生氣大鬧，該怎麼辦？

A 遊戲難免有勝負之分，對於尚處於自我中心發展階段的2～7歲孩子來說，會難以接受自己輸了，對於好勝心較強的孩子更是如此。遊戲中最重要的是，必須在開始前明確告知規則。在有勝負的遊戲中，必須具體說明誰下指示、成功與失敗的分數，並明確界定犯規的基準，避免後續的爭議。

Q 如何阻止孩子玩得太過激烈？

A 孩子很可能玩著玩著就吵起架來了，特別是「活動身體」的遊戲，較容易引發孩子間的爭執，例如「英雄登場！」遊戲（第182～183頁），孩子可能為了贏得勝利而打起架來，但若演變成意氣之爭，可能就是因為沒有事先說清遊戲規則，才讓玩樂變了調。這時大人就必須介入協調，讓雙方冷靜下來並再次闡明規則。

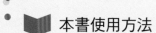

本書使用方法

利用本書和孩子共度快樂時光的方法

1. 翻開本書，讓孩子選擇想要玩的單元
2. 準備相關材料，讓孩子可以邊看書邊完成
3. 家長只在必須協助的階段介入幫忙（參考「！」標示）
4. 成果不重要，更重要的是過程中是否玩得開心
5. 在遊戲進行的過程與孩子多多對話，共創親密感

A 領域：由美術、科學、自然、身體、互動、手眼協調、角色扮演共七大領域遊戲所組成

B 兒童心理專家建議：在互動遊戲與角色扮演遊戲中，提供崔殷貞老師針對各遊戲的玩法建議

Tip 讓遊戲過程更輕鬆的祕訣

使用材料

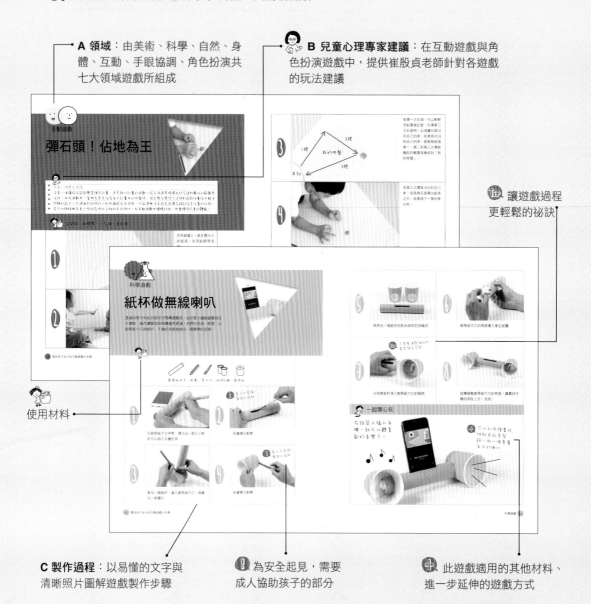

C 製作過程：以易懂的文字與清晰照片圖解遊戲製作步驟

！ 為安全起見，需要成人協助孩子的部分

✚ 此遊戲適用的其他材料、進一步延伸的遊戲方式

遊戲製作材料介紹

日常生活容易取得的材料

 捲筒衛生紙芯　 衛生紙盒　 廚房紙巾芯　 牛奶盒　 雞蛋盒　 報紙　 紙箱

家裡就有的必備剪裁與黏貼工具

 美工刀　 剪刀　 膠水　 色紙　 尺　 白膠　 雙面／透明膠帶　 封箱／粗膠帶

其他可以事先準備的材料

 美工刀　 蜂巢紙　 壓縮面膜　 紙杯　 紙膠帶　 彩色橡皮筋

 吸管　 冰棒棍　 眼睛貼紙　 裝飾用貼紙　 立體貼紙　 毛線

掃瞄QR Code觀看解說影片

遇到步驟較多的遊戲時，
貼心附上QR Code連結至Youtube 影片

書末附紙偶

可以剪下運用在紙偶劇遊戲活動（第192～199頁）

目 次

美術創意遊戲

科學實驗遊戲

自然觀察遊戲

身體活動遊戲

互動學習遊戲

手眼協調遊戲

角色扮演遊戲

附錄

美術創意遊戲

邊唱歌，邊畫畫！

一邊唱歌、一邊畫出與歌詞相符的圖案。訓練孩子眼部與手部的協調感，如果是多人一起玩，也能透過共同繪畫的過程，幫孩子培養適應群體的能力。可以先想好要畫什麼，依照圖案隨興編曲目，再跟孩子一起邊哼唱邊畫畫。可以參考下方示範，利用簡單的歌曲「畫出骷髏頭」。

掃描看影片

圖畫紙　　彩色筆

 1

早餐吃了 噹！
午餐吃了 噹！
晚餐吃了 噹！

用「早餐、午餐、晚餐」畫出圖案需要的3個圈圈。唱到「～吃了」時畫出1個圈，唱到「噹！」的時候，在圈圈上畫斜線。

 2

打開窗戶一看，
原來是下雨了。

一邊唱一邊畫出長型四角形代表窗戶，當唱完「下雨了」時，在窗上畫上幾條直線。

一邊唱「三隻蚯蚓往前蠕動」，一邊從圈圈上方畫出三條像蚯蚓的蠕動線條。

唱到「唉唷！是可怕的骷髏頭」時，就畫出骷髏頭的輪廓。

當唱完歌曲之際，就完成了一張骷髏頭畫像。

早餐吃了 噹！
午餐吃了 噹！
晚餐吃了 噹！
打開窗戶一看，原來是下雨了。
三隻蚯蚓往前蠕動，
唉呀，我的媽啊！
是可怕的骷髏頭！

 一起開心玩

一起看著完成的作品，詢問孩子：要不要再玩一次？

用其他歌曲畫畫看！

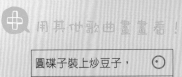

圓碟子裝上炒豆子，	⊙
爸爸有三碟、	
媽媽有兩碟、	
我有一碟，	
吃進嘴巴後	
肚子鼓鼓的，	
前腳一伸！後腿一伸！	
變成一隻小麻雀！	

美術創意遊戲

有趣的
壓縮面膜畫

利用遇水膨脹、不知道會變成什麼模樣的壓縮面膜，做出一個有
趣的動態美術作品。孩子們可以透過在壓縮面膜裡加水的過程，
觀察並感受畫作完成的神奇變化。

圖畫紙　油性簽字筆　壓縮面膜　水性筆　膠水　滴管　水

用油性簽字筆在圖畫紙上
畫出有趣的臉。

因為之後會在圖畫紙
上灑水，使用油性筆
才不會暈染開來。

接著用水性筆或水性顏
料，將壓縮面膜塗上不同
顏色。

3

將不同顏色的壓縮面膜貼在頭髮與鼻孔的位置。

4

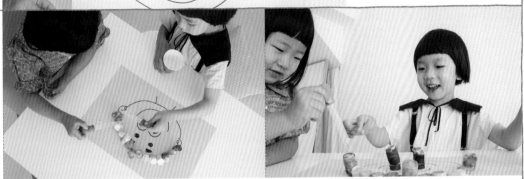

滴管內裝水，慢慢滴入壓縮面膜，讓紙巾膨脹。
各種色彩的頭髮不斷長出來，連鼻毛也長長了！

一起開心玩

可用壓縮面膜做出花花綠綠的小蟲蟲，滴管裝水緩緩滴入，小蟲就會因為紙巾膨脹而逐漸長大。

美術創意遊戲

自己做泥巴

許多家長不太願意讓孩子接觸泥土，因為感覺泥土「髒髒的」，怕孩子無意間把細菌吃下肚。這個遊戲是由玉米澱粉與羅勒籽（也可以使用奇亞籽）混合成接近泥土的質地，不含任何化學物質，可以放心給孩子玩。

玉米粉1杯　　羅勒籽1/4杯　　水1杯　　食用色素　　大碗

將1杯玉米粉與1/4杯羅勒籽倒入碗中。

將水慢慢倒入碗中，利用羅勒籽泡水後會膨脹並產生黏膠狀物質的特性，使玉米粉集結成塊。

③

添加些許食用色素染色後，天然的自製泥土就完成了！

Tip 放入一湯匙的鹽攪拌後，可以放冰箱冷藏保存約一週左右。

一起開心玩

讓孩子體驗不同物質混合前、後的觸感，非常有趣。

Tip 泥土可以放進冰箱冷藏，剛拿出來時會略硬，只要加一點水，就會再次變得柔軟喔！

超起起~

戳戳看！

滑下來了~

美術創意遊戲

搖呀搖！
寶特瓶迷宮

利用寶特瓶即可做出簡易的立體迷宮，讓孩子在玩樂的過程中可以
培養出空間概念與問題解決能力。

600ml寶特瓶	紙膠帶	美工刀	色紙	剪刀	透明膠帶	彈珠（小）

用紙膠帶在寶特瓶瓶身的1/3、2/3處繞
一圈作記號。

刀片很危險，
需大人協助

依據紙膠帶記號，用美工刀將寶特瓶身
切成三等份。

將寶特瓶頂部蓋在色紙上，沿著寶特瓶
描出一個圓。

接著在上一步驟描出的圓內，利用瓶蓋
那一端描出一個小圓，將小圓剪下，就
完成了第一個迷宮洞。

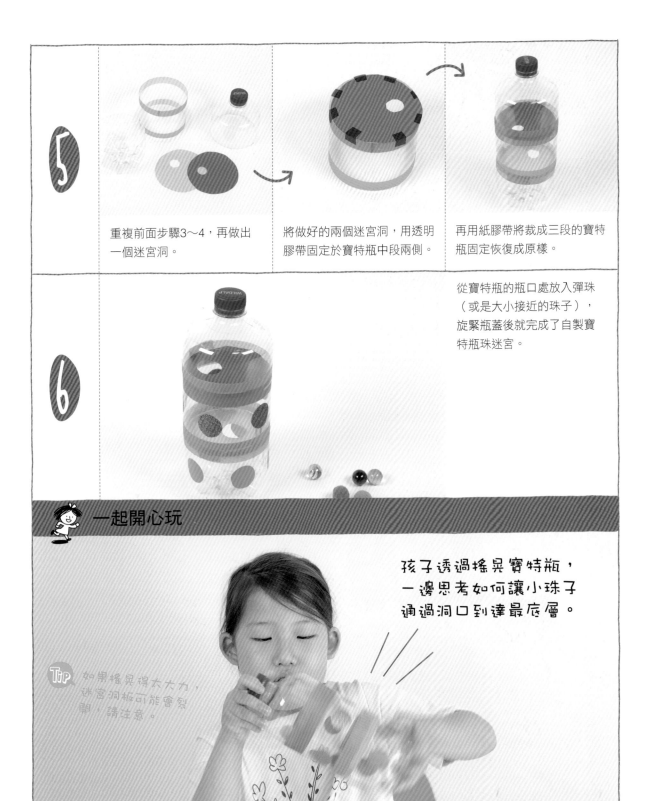

5 重複前面步驟3～4，再做出一個迷宮洞。

將做好的兩個迷宮洞，用透明膠帶固定於寶特瓶中段兩側。

再用紙膠帶將裁成三段的寶特瓶固定恢復成原樣。

6 從寶特瓶的瓶口處放入彈珠（或是大小接近的珠子），旋緊瓶蓋後就完成了自製寶特瓶珠迷宮。

👧 **一起開心玩**

孩子透過搖晃寶特瓶，一邊思考如何讓小珠子通過洞口到達最底層。

Tip 如果搖晃得太大力，迷宮洞板可能會裂開，請注意。

哐啷！
牛奶盒存錢筒

利用牛奶盒做一個可以哐啷哐啷吃下銅板的存錢筒，讓孩子學習儲蓄，透過將一枚枚硬幣投入存錢筒，並在搜集到一定量的硬幣後，將硬幣存入銀行，會是個很珍貴的體驗。

500ml牛奶盒2個　　美工刀　　雙面膠帶　　色紙or紙膠帶

 刀片很危險，需大人協助 將500ml牛奶盒的三面用美工刀割開，讓牛奶盒可以往上開闔。	 這一側也要割 接著製作存錢筒的支撐架。將另一個牛奶盒依照紅線框起處割開。
 將步驟2切割下來的部分，沿紅線處再割開。	 將步驟3完成的部分如圖撐開平擺，形成一個支撐架。

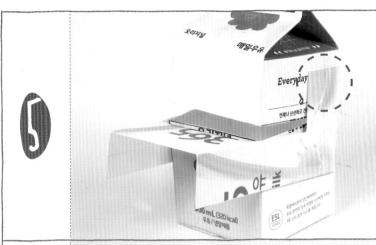

將步驟4完成的支撐架插入步驟1牛奶盒本體的兩側，正面位置略低於裁切口約1cm，並用雙面膠帶貼好。

1cm

用紙膠帶或色紙裝飾牛奶盒，做出喜歡的造型吧！

TIP 在支撐架上方標示清楚放置銅板的位置。

一起開心玩

只要將銅板放在支撐架上標示處，再將存錢筒的支撐架輕鬆往上翻，銅板就會順勢哐啷一聲掉進存錢筒中囉！

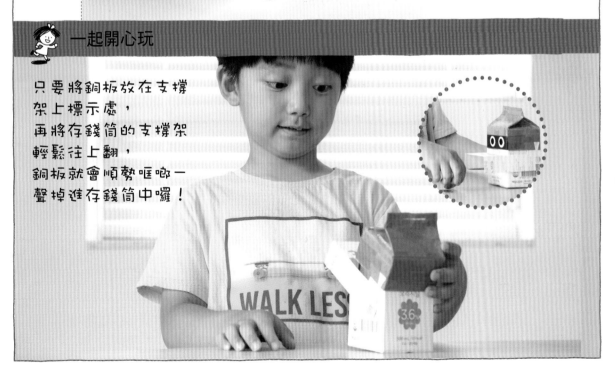

美術創意遊戲

蛋糕盤旋轉塔

利用紙盤與廚房紙巾芯，做出讓彈珠可以順著旋轉台往下滑的
旋轉塔玩具。看似單純的玩具，但若用不同的彈珠或小球玩，
孩子就能一直玩不膩！

廚房紙巾芯	紙盤5個	美工刀	剪刀	透明膠帶	彈珠（小）	紙杯

1

在紙盤的中間，蓋上廚房紙
巾芯，描出一個圓。

一定要用硬質的紙盤，
才能防止彈珠滾出。

2

刀片很危險，
需大人協助

用美工刀裁掉紙盤中間畫好的
圓。

用剪刀從紙盤邊緣朝中心方向
剪一刀，將紙盤剪斷。

重覆前述步驟，做出五個相同
的紙盤。

③

將裁好的紙盤用膠帶黏貼串連成螺旋狀。

將廚房紙巾芯插入紙盤中間的洞，並用膠帶將兩側貼好固定。

④

將彈珠或小球放入最上方的紙盤，使其順著旋轉塔向下滑。

Tip

為了防止滑下的彈珠或小球四處亂竄，可以在旋轉塔下方終點處放置一個裁切過的紙杯，用來接住彈珠或小球，方便收拾。

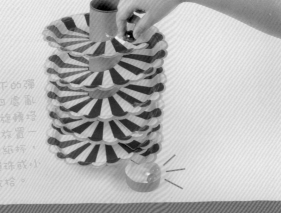

一起開心玩

你放一顆、我放一顆，彈珠一顆顆順著螺旋狀階梯滑下來囉！

美術創意遊戲

鏘鏘！
我的毛線畫

畫畫不見得只能用粉臘筆、色鉛筆等，也可以利用意想不到的
材料，畫出好看的作品，這一次我們要利用毛線讓孩子發揮創
意，畫出一幅抽象畫。

毛線	顏料	紙盤	水彩筆	素描本

讓孩子選好喜歡的顏色後，將顏料擠入
紙盤中。

 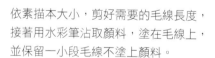

依素描本大小，剪好需要的毛線長度，
接著用水彩筆沾取顏料，塗在毛線上，
並保留一小段毛線不塗上顏料。

將沾滿顏料的毛線放上素描本，並將未
塗上顏料的部分留在素描本外。

 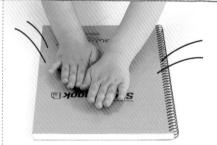

闔上素描本，用力按壓，讓顏料沾附在
上面。

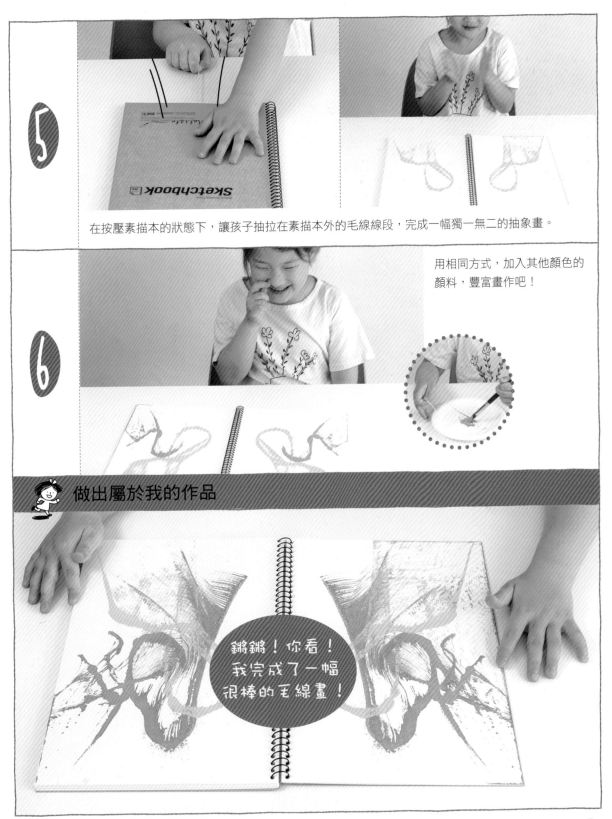

在按壓素描本的狀態下，讓孩子抽拉在素描本外的毛線線段，完成一幅獨一無二的抽象畫。

用相同方式，加入其他顏色的顏料，豐富畫作吧！

做出屬於我的作品

鏘鏘！你看！
我完成了一幅
很棒的毛線畫！

美術創意遊戲

可愛的熱縮片吊飾

熱縮片又被稱為「神奇魔術紙」，在上面畫出喜歡的圖案，接
著放入烤箱烘烤，待熱縮片縮小，就會變硬、變厚實。輕輕鬆
鬆，就可以利用熱縮片做出喜歡的吊飾！

熱縮片　　　簽字筆　　　色鉛筆　　　剪刀　　　打洞機　　　吊飾用繩

準備一張熱縮片，用簽字筆
畫出底圖

Tip 也可以準備喜歡的圖
片或書封、人物角色
等圖案，描出來。

用色鉛筆和簽字筆上色。

Tip 縮小後顏色會變深，
所以上色時顏色塗得
淡一點沒關係。

剪下該圖案，請注意不要剪得剛剛好，請在圖
樣外圍預留適當空白。

用打洞機在邊緣，預先打出一個孔洞，預備之後穿線用。

TIP 不同烤箱的烘烤速度不同，所以烘烤途中要不時注意。

烤箱鋪上一般紙張或是烘焙紙，將圖案放上去，以溫度200℃烘烤約1分鐘左右。

從烤箱中取出熱縮片，要趁完全放涼之前，將熱縮片夾在厚重書本的中間壓平。（用其它表面平坦的重物壓也可以）。

! 剛剛烘烤完的熱縮片很燙，請由大人拿取

做出屬於我的作品

穿好吊飾繩，完成我特製的手作吊飾！

 搭配長一點的繩子，就可以做成項鍊！

美術創意遊戲

亮晶晶的發光沙畫

只要有塑膠收納箱、手電筒與沙子，就可以創造有趣的沙子地圖遊戲，可以在家中清出一個角落或空間來玩，就不必擔心沙子的清理問題，用摸沙、撒沙等各種方式都可以做出沙畫，培養孩子的創意力。

收納箱　　沙子　　手電筒

準備一個透明的收納箱，將開口面朝上。

箱子內放入一個手電筒或是睡眠夜燈這類小型照明設備之後闔上。

在箱蓋上撒上沙子。

用手在沙堆上畫畫。

做出屬於我的作品

用小手摸沙、撒沙,就可以畫出許多不同的沙畫,也可以畫出地圖喔。

美術創意遊戲

廣告單超市
開幕囉！

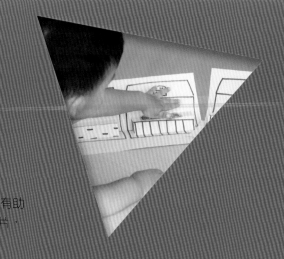

買賣遊戲是很簡單的培養孩子財務智商（FQ）的趣味遊戲，也有助
於提高孩子的社會適應能力，只要利用超市廣告單上的產品照片，
剪下後分類就能開始進行。

| 廣告單 | 剪刀 | 膠水 | 色紙2張 | 簽字筆 |

剪下廣告單上喜歡的產品品項。

將剪下來的品項用膠水貼在色紙上。

Tip 廣告單較薄，容易在玩的過程中損壞，所以建議
先貼在色紙上增加厚度，可以重複使用。

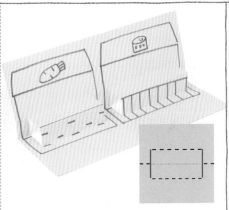

3

將產品上架囉！用另一張色紙，沿紅線裁切後，將黑虛線向內摺、藍虛線向外摺，做出立體的貨架，再畫上細節。

4

將想販賣的品項照片放上貨架。

一起開心玩

Tip 要像真的超市一樣，將商品分門別類陳列於貨架上，無論是依據顏色或形狀等等都可以，也可以讓孩子自行決定分類的標準喔！

✚ 也可以做紙鈔來玩，更新鮮有趣！

美術創意遊戲

蛀牙掰！
大河馬來刷牙

利用牛奶盒做出一個大嘴巴河馬的手套紙偶，讓孩子透過幫河馬紙偶刷牙練習如何自己刷牙，也可以多做幾個紙偶來玩紙舞臺劇。

1L牛奶盒	紙膠帶	美工刀	色紙	膠水	簽字筆	牙刷

將牛奶盒的開口處摺起，並用紙膠帶黏貼固定。

刀片很危險，需大人協助

從牛奶盒中間處，用美工刀將三面分別裁開來。

將牛奶盒反摺，讓上下兩區塊可以像嘴巴一樣闔起、張開。

用喜歡的顏色色紙裝飾牛奶盒。

紅色色紙黏貼於牛奶盒打開處，做出河馬的嘴巴，再用白色色紙做出河馬的牙齒，貼到河馬嘴巴裡。

剪二片耳朵貼上後，用簽字筆畫上河馬的眼睛、鼻子，大嘴河馬完成囉！

 一起開心玩

拿出牙刷，將河馬的牙齒一顆顆刷乾淨。

一定要上上下下、左左右右平均刷三次才行喔！

啊！媽咪！河馬咬住牙刷了！

美術創意遊戲

侏羅紀捲筒恐龍

把捲筒衛生紙芯摺一摺、剪一剪，就能簡單做出一個恐龍紙偶，做好三角龍與腕龍後，和孩子一起邊玩邊說出不同恐龍的特徵吧！

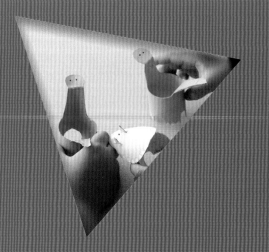

捲筒衛生紙芯	鉛筆	剪刀	美工刀	顏料

三角龍　　　　　　　　　腕龍

另外裁下　三角龍頭板

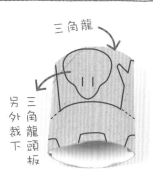

將捲筒衛生紙芯壓扁，摺半後畫上如圖中的紅色線條。讓孩子利用自己找到的各種自然素材裝飾吧！

腕龍

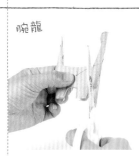
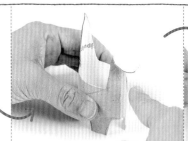

用剪刀依據畫好的紅色線條剪裁，再將捲筒衛生紙芯攤開。

將腕龍前端下壓90度，做出明顯的頭部。

將腕龍尾巴往外拉，營造修長的線條感。

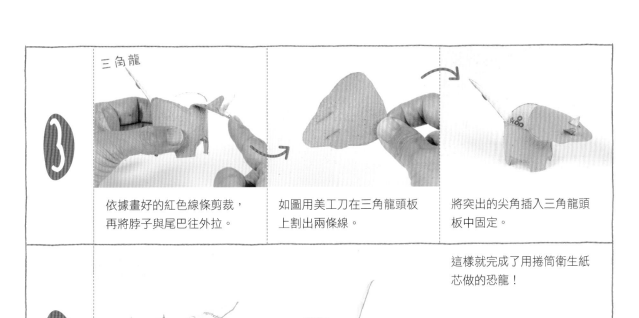

三角龍

③ 依據畫好的紅色線條剪裁，再將脖子與尾巴往外拉。

如圖用美工刀在三角龍頭板上割出兩條線。

將突出的尖角插入三角龍頭板中固定。

④ 這樣就完成了用捲筒衛生紙芯做的恐龍！

Tip 用顏料上色塗裝後會更逼真。

一起開心玩

多做幾隻恐龍，
和朋友們一起開心玩樂！

可以參考腕龍的樣本，做出暴龍一類的恐龍喔！

美術創意遊戲

啪搭啪搭～
膠帶鬼來了

嘗試做做看就算沒有身體，用腳也可滾動向前走的膠帶鬼，是一款在家中各處都可輕鬆玩的遊戲。

大西卡紙	簽字筆	剪刀	封箱膠帶紙芯	長竹籤	鉗子	雙面膠帶	吸管

將腳放在西卡紙上，描出腳的輪廓。

剪下兩腳的形狀。

 小心竹籤的尖銳處，請大人協助完成。

將兩根竹籤的尖銳處剪掉。

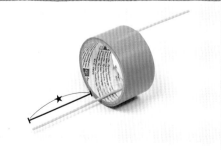

將兩根竹籤分別由兩側放入封箱膠帶紙芯內側，並黏貼固定。

將2根吸管分別用剪刀剪成同步驟4圖片中（★）的長度。

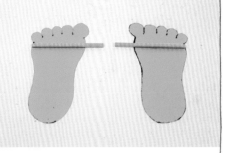

如圖所示，將剪好的吸管用雙面膠帶黏貼於步驟2剪好的腳底。

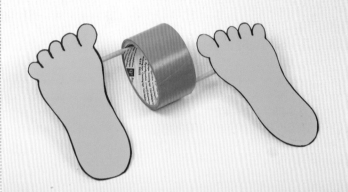

接著將黏上吸管的兩隻腳，分別套上兩側的竹籤，就完成膠帶鬼了！

一起開心玩

膠帶紙芯一被推動，膠帶鬼就會啪搭啪搭往前走！

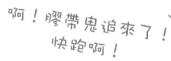

啊！膠帶鬼追來了！快跑啊！

美術創意遊戲

巨人手的
剪刀石頭布！

試著利用紙張與吸管、棉線等做一個可以簡單操縱的玩具，可
以自己一個人玩，也可以跟朋友一起用自己做的紙手猜拳。

色紙	剪刀	吸管4根	雙面膠帶	透明膠帶	棉線	捲筒衛生紙芯

1

將手放在色紙上，畫出手部
輪廓，比手部實際大小還大
一些也可以。

2

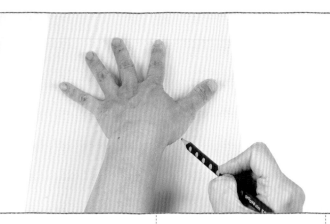

準備吸管，製作一隻手約需要
4根吸管，依此類推。

將吸管剪成以下：
5公分 x 4段、4公分 x 1段（拇
指處用）、2公分 x 5段。

用雙面膠帶將吸管依上圖貼到
紙手上固定，注意吸管和紙手
指尖要預留約0.5公分。

3

準備5條長50公分的棉線，在其中一端打死結後，從紙手的指尖穿過吸管，讓打好的結固定在預留的0.5公分處。

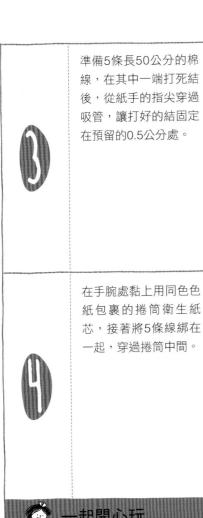

Tip 打死結讓棉線固定於預留處。

4

在手腕處黏上用同色色紙包裹的捲筒衛生紙芯，接著將5條線綁在一起，穿過捲筒中間。

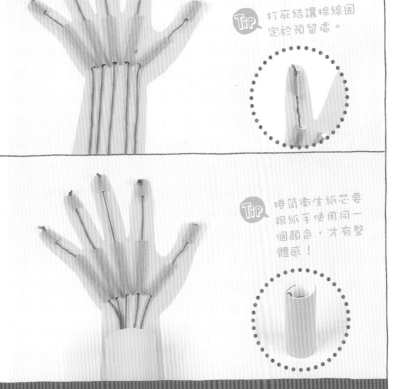

Tip 捲筒衛生紙芯要跟紙手使用同一個顏色，才有整體感！

一起開心玩

同時拉住五條棉線來操縱手模型，熟練後，就能試著分開操縱五根手指，和朋友一起玩剪刀石頭布！

如果穿過捲筒的線不綁起來，就可以分開操控各手指，比出剪刀、石頭、布。

我要來比「剪刀」！

美術創意遊戲

做體操的小龍蝦

利用吸管與捲筒衛生紙芯做出會動的小龍蝦紙偶，利用相同原理，也可做出鳥兒、蝴蝶或蜻蜓等。

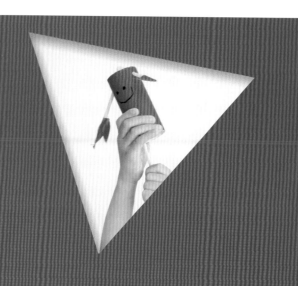

捲筒衛生紙芯	紅色色紙	剪刀	膠水	打洞機	可彎吸管	紙膠帶	簽字筆

先製作龍蝦的身體。用紅色色紙將捲筒衛生紙芯包覆並黏貼好。

捲筒衛生紙芯一側的兩端，用打洞機各打出一個洞。

Tip 兩側的螯剪成不同長度也很自然。

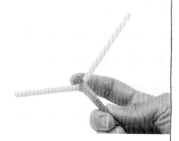

現在製作「龍蝦螯」，將可彎吸管較長的一端剪下一部分。

在可彎吸管的彎曲處套上另一支吸管。

套上吸管的地方，以膠帶纏繞、黏好固定。

將吸管兩側穿出捲筒衛生紙芯的兩個洞。

用另一張色紙剪出兩支小龍蝦螯。

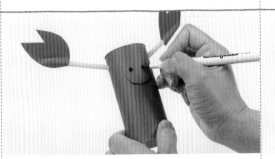

將剪好的龍蝦螯貼到吸管前端，接著在捲筒上畫出小龍蝦的臉。

會做體操的小龍蝦完成了。

 一起開心玩

推拉捲筒衛生紙芯下端露出的吸管，小龍蝦就會開始做體操。

ロ丶ヨ！

好好玩的
糖果販賣機

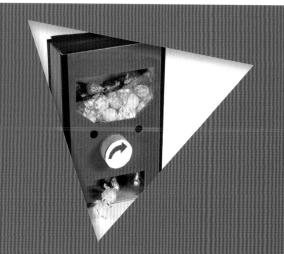

吃完的餅乾盒不要丟棄，用來做抽糖果的機器吧！想吃的時候，只要旋轉把手就會掉下糖果，孩子們都非常喜歡。如果怕孩子吃太多糖果，可以事先約定一天放入幾個糖果就好喔！

 餅乾盒 捲筒衛生紙芯  鉛筆 美工刀 剪刀 色紙多張 膠水 透明膠片 雙面膠帶 隱形膠帶 西卡紙2張

沿黑線處割開

窗戶

把手洞（捲筒大小）

糖果掉落口

先製作販賣機機身。首先將長方形餅乾盒攤開成平面，中間最大的一面畫出可以看到糖果的窗戶與捲筒大小的把手洞、糖果掉落口，接著用美工刀割開，記得保留割下的窗戶紙片、把手洞紙片。

將盒子再次摺回立體狀，接下來再次用捲筒衛生紙芯畫出把手洞的對向位置。

將盒子攤開，用捲筒蓋住對向的標示處，再次確認正確的洞口位置後，用美工刀割開。

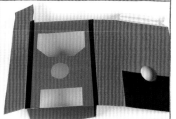

將盒子外側以色紙覆蓋原本的圖樣，讓糖果販賣機更美觀，直接上色也可以。

在糖果窗戶內側，用雙面膠帶黏上透明膠片。

製作販賣機內的支架。將2張西卡紙摺成同餅乾盒的寬度（★）。

如圖所示，沿著紅線切割，黑虛線摺起，做出2個支架。

將支架黏貼在窗戶下方傾斜處，就完成了可以接住糖果的漏斗。

把手洞必須可以穩定轉圈、不掉落。

讓捲筒穿過盒子

用紙蓋住另一端黏好，在上方標示把手旋轉方向。

如圖將捲筒衛生紙芯的一端剪出等距且都深1公分的鋸齒狀，接著往外摺後，再黏貼於步驟1剪下的窗戶紙片上，並修整成圓形。

如藍框標示，將捲筒穿進後方洞口，從前面把手洞口穿出。

取出捲筒，依照上一步驟標示的藍框處，在捲筒中間裁出一個洞。

一起開心玩

最後再次插入捲筒、放入糖果，糖果販賣機完成了！

轉動把手，糖果就會噗啦啦地掉下來～！

在把手前端套上一個橡皮筋，把手就不會往內滑落！

美術創意遊戲

滿滿的愛！
立體愛心卡

一打開就會跳出好多愛心的立體卡片，孩子想傳遞心意給父母或
朋友時就能派上用場，也可以把愛心替換成其他喜愛的形狀。

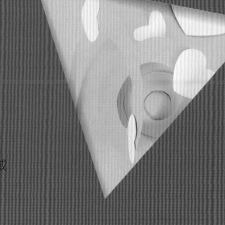

A4大小的粉彩紙2張　　小色紙數張　　剪刀　　膠水

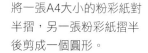

將一張A4大小的粉彩紙對
半摺，另一張粉彩紙摺半
後剪成一個圓形。

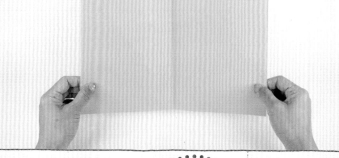

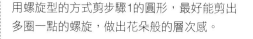

用螺旋型的方式剪步驟1的圓形，最好能剪出
多圈一點的螺旋，做出花朵般的層次感。

用小色紙做出幾顆可以裝飾卡片的愛心，可以
先將色紙摺半再剪，形狀對稱更漂亮。

 46 專為孩子設計的互動遊戲大全集

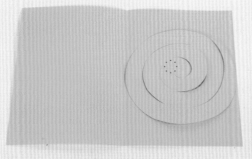

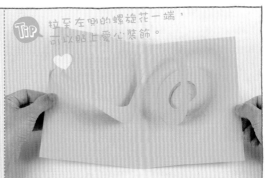

在對半摺好的色紙右側放上剛剛剪好的螺旋，將螺旋的最底側黏在色紙上。

將螺旋上端拉到左側黏貼固定。

Tip 拉至左側的螺旋花一端，可以貼上愛心裝飾。

在螺旋和底部的粉彩紙上貼上許多愛心。

Tip 多做幾個大大小小的愛心，看起來更有立體感！

 做出屬於我的作品

一打開就有驚喜感，立體愛心卡片完成！

打開卡片，就能看到滿滿心意

雞蛋盒變身托蛋雞

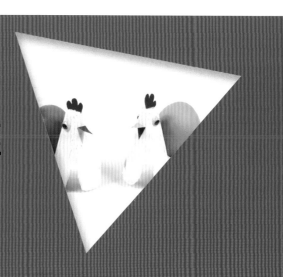

復活節有個習俗，就是將雞蛋裝飾得很漂亮，並且贈送給親友。
我們可以利用雞蛋紙盒，製作獨一無二的雞模型，放上雞蛋，和
孩子一起共創溫暖的作品。

雞蛋紙盒	剪刀	眼睛貼紙	小色紙	美工刀

1

將雞蛋盒剪成如圖所示的形狀。

將邊緣處用剪刀修乾淨。

2

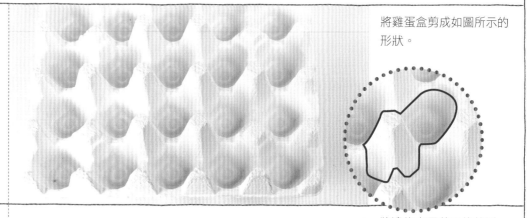

用色紙剪出雞的嘴巴、雞冠，準備好眼睛貼紙。

在凸出的頂端用美工刀劃一刀。

上方刀痕處插入雞冠裝飾，再將眼睛與嘴巴貼上，就完成一隻雞囉。

可以用簽字筆或是色鉛筆等幫雞穿上新衣服。

做出屬於我的作品

將雞蛋放上去，就成了一隻可愛的揹著雞蛋的雞。

 也不妨試試做出可愛的小鳥模樣。

美術創意遊戲

我的萬聖節造型衣

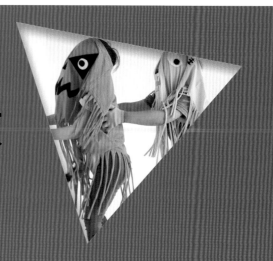

可以利用爸爸不再穿的舊T恤，做出參加萬聖節派對的可愛怪物服，孩子可以自行選擇喜歡的怪物模樣，做出與他人不同、專屬於自己的萬聖節趴踢服。

T恤

剪刀

不織布（搭配保麗龍膠）

兒童棉手套

 1

準備一件爸爸準備淘汰的舊T恤，將袖子與下襬如圖中紅線處剪開

顏色華麗的T恤，完成後效果更棒！

 2

T恤正面可以黏上用不織布或是色紙剪出來的臉作為裝飾。

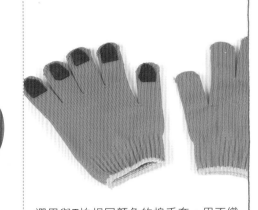

選用與T恤相同顏色的棉手套，用不織布或色紙做出指甲的形狀，將其貼在手指前端。

穿上T恤、戴上手套，可愛的萬聖節服裝就完成了！

一起開心玩

嘿嘿嘿～
我最可怕！

可以用T恤蓋住臉部，和大家一起玩抓鬼遊戲！

美術創意遊戲

黑漆漆幽靈燈

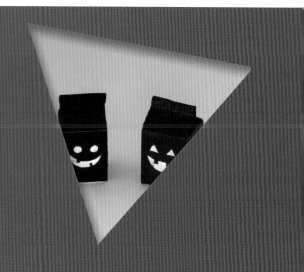

利用牛奶盒做出一個幽靈模樣的燈罩，套在小型LED蠟燭燈上，就能做出一個符合萬聖節氣氛的幽靈燈裝飾，可以放在客廳或是玄關，也可以當成孩子房間的睡眠燈。

200ml牛奶盒　美工刀　剪刀　鉛筆　黑色膠帶（可以色紙代替）　LED蠟燭燈

將200mL牛奶盒割開攤成平面，並將牛奶盒的底座剪掉。

刀片很危險，需大人協助

用黑色膠帶或是色紙貼滿牛奶盒外側。

刀片很危險，
需大人協助

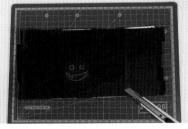

在其中一面畫上幽靈的臉，並用美工刀
割出眼睛與嘴巴。

將牛奶盒以黑色膠帶黏回原狀。

將牛奶盒套在小型LED蠟燭燈上。

幽靈燈完成了。

一起開心玩

用美工刀割出不同形狀的
洞，就能做出不同表情的
幽靈燈喔！

美術創意遊戲

一起做
萬聖節貓咪包

一提起萬聖節，就會想到南瓜、糖果、蝙蝠、魔女等，當然也不能遺漏黑貓，現在就來做一個可以在萬聖節裝糖果的黑貓包，可以當成糖果包、也可以當成孩子外出時的可愛手提包。

1L牛奶盒	剪刀	美工刀	釘書機	透明膠帶	色紙	膠水	打洞機	紗質緞帶

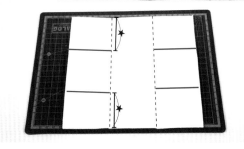

將牛奶盒剪開，只留下三面，接著如圖所示沿紅線處剪開，再沿黑虛線處往內摺。

兩側以45度角摺成貓咪臉部的輪廓。

用釘書機將貓咪臉部的形狀固定好。

用膠帶將內側的釘書針處貼起來，避免刺到手。

完成了貓咪包的雛形。

將包包的外側用黑色色紙包覆住並黏貼好。

在包包兩端用打洞機各打一個洞，待會要穿過緞帶用。

包包側面用其他色紙剪貼，做出貓咪的臉。

將紗質緞帶穿過兩側洞口後打結固定，提把就完成了。

一起開心玩

裝滿我喜歡的糖果的黑貓包完成了！

聖誕節倒數月曆

在期待的日子到來前，在杯子裡放進小禮物，和孩子一起製作「倒數月曆」吧！例如在美好的聖誕節來臨前，準備1到24的數字杯，讓等待的時光變得幸福、開心又溫暖。

紙杯24個

餐巾紙24張

橡皮筋

剪刀

小禮物24個

簽字筆

準備24個紙杯（紅綠各半）
與24張餐巾紙（紅綠各半）。

Tip 餐巾紙選擇紅和綠色是為了配合聖誕節，也可以準備其他喜歡或方便取得的顏色。

在杯中放進小禮物或零食。

在紙杯上蓋上餐巾紙，並用橡皮筋套住。

用剪刀將過長的餐巾紙剪掉。

在餐巾紙上分別寫下數字1到24。

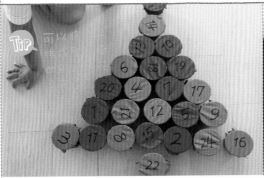

從12月1日開始,一天打開一個杯子,陪孩子一起將杯中的禮物拿出來。

做出屬於我的作品

等待聖誕節的日子有好多天,但是每天都有小驚喜!

樹枝聖誕樹DIY

當然可以購買現成的聖誕樹來掛上裝飾，但我們也可以利用生活周邊的物品做出一棵獨一無二的聖誕樹，嘗試將樹枝綑綁後掛在牆壁上，和孩子一起創造美好紀念。

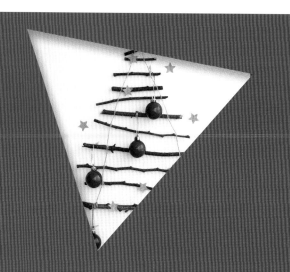

樹枝	棉線	聖誕裝飾

撿拾數條粗細適當的樹枝，再將這些樹枝依長短大略排成三角形模樣。

Tip 先不要綁住樹枝，之後才方便調整位置或形狀

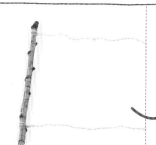

準備兩條棉線，綁在最長、最筆直的那一根樹枝的兩側。

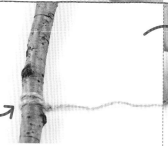

將線再次纏繞一圈後，打上一個死結固定。

取其中一條棉線，在剩下的樹枝的同一側打上死結。

一側綁好之後，用另一條棉線將另一側也以相同的間隔綁好。

全部綁完後，在最短的樹枝尾端將兩條線打死結。

注意不要讓樹枝歪斜偏向某一側，一邊調整打結的位置一邊綁緊固定，再掛上喜歡的裝飾。

做出屬於我的作品

掛在牆上就是一個特別又好看的聖誕樹。

Tip 在掛著這個聖誕樹的牆面周圍，可以再點綴其他的裝飾，營造下雪般的氣圍。

美術創意遊戲

立體雪人聖誕卡

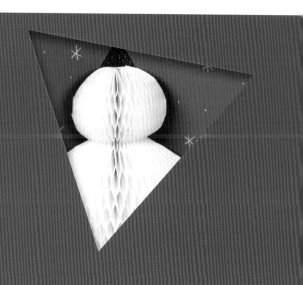

孩子自己動手做的聖誕卡，不論是對孩子而言或是收到卡片的人，都是一份特別的禮物。運用蜂巢紙就可以輕鬆做出雪人的蓬蓬立體感，是不是非常吸引人呢？

＊「蜂巢紙」可於美術社或網路商店搜尋「3D蜂巢紙」、「彩色蜂巢紙」購得。

卡片大小的粉彩紙（或其他色紙）

蜂巢紙

鉛筆

剪刀

雙面膠帶

將粉彩紙對摺。

將要放進粉彩紙內的蜂巢紙以相同方式對摺。

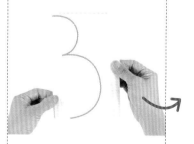
在紙上畫出一半的雪人。

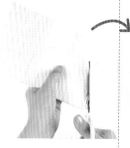
用剪刀剪下。

雪人剪裁完成。

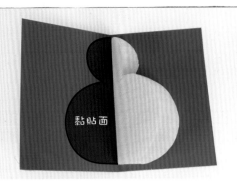

抓住雪人的兩側攤開，就出現一個蜂窩狀的立體雪人，
再用雙面膠帶將雪人兩側貼在粉彩紙中間。

空白處畫上雪花以及裝飾
雪人的聖誕帽等等。

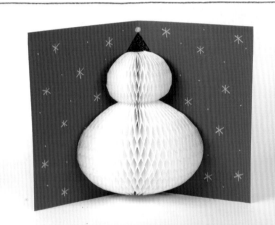

 做出屬於我的作品

除了雪人外，還可以做出
聖誕樹造型的立體卡片喔！

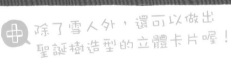

科學實驗遊戲

超Q彈！雞蛋橡皮球

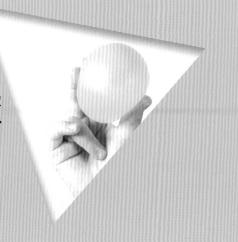

將雞蛋泡在食用醋裡，蛋殼的成分「碳酸鈣」會逐漸被醋酸溶解為「醋酸鈣、水、二氧化碳」，直到剩下內膜部分，就成為一顆有彈性、軟軟的橡皮球。不只可以觀察雞蛋殼溶解的過程，孩子還可以親手做一個可以玩的雞蛋橡皮球。

透明玻璃杯

生雞蛋

食用醋

淺盤

將雞蛋放進透明玻璃杯中，加入剛好蓋過雞蛋的醋量。

有看到蛋殼旁細微的泡泡嗎？那就是蛋殼正在被分解成二氧化碳的證明喔！

隨著浸泡天數增加，雞蛋出
現不同的樣貌。

 蛋殼的融化時間會
因為不同食用醋而
有所不同。

2日後　　3~4日後　　5~6日後

一週後將雞蛋從杯中拿出，
並用水清洗乾淨，這時候雞
蛋殼已完全消失。

要注意小心清洗，
如果過於用力，雞
蛋可能會破掉。

 讓孩子觀察有哪裡不一樣。
例如仔細看可以看到內側的
蛋黃，而且看起來好像比有
蛋殼的時候還要大！摸摸
看，會發現非常Q彈！

一起開心玩

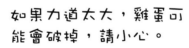
如果力道太大，雞蛋可
能會破掉，請小心。

將雞蛋橡皮球放在淺盤
上彈彈跳跳很有趣。

新奇有趣又好玩！

科學實驗遊戲

磁鐵小偷別跑！

磁鐵最具代表的特性就是「同極相斥、異極相吸」，利用這一特徵，現在就來做一個追捕小偷的趣味玩具吧！

小玩具車	圓形磁鐵2顆	冰棒棍	紙	簽字筆	剪刀	紙膠帶	迴紋針

在小玩具車後方貼上一個圓形磁鐵。

在冰棒棍的一側尾端也貼上磁鐵。

畫出一個小偷紙偶後，再將小偷紙偶擺放上車。

Tip 也可以畫孩子喜歡的角色。

讓磁鐵棒靠近玩具車後方，這樣小偷搭乘的車子就會一溜煙跑掉。

TIP 若磁鐵棒上的磁鐵與玩具車後的磁鐵不同極，就可以吸引小偷的車。

 ## 一起開心玩

 試試用磁鐵來玩玩看「逃出迷宮」吧！

1. 首先在紙上畫出迷宮圖，將小偷紙偶套上迴紋針。

2. 把小偷放上迷宮，將貼上磁鐵的冰棒棍放在迷宮下方。

3. 依據迷宮的道路方向，移動磁鐵棒，幫小偷逃出迷宮。

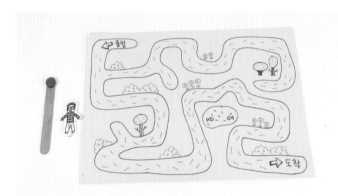

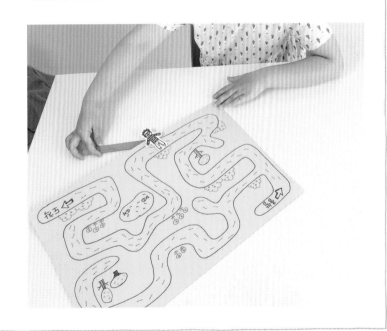

科學實驗遊戲

變變變！
圖案花紋消失吧！

利用光線「折射、反射」的原理，畫出一個放入水中，紋路就會消失的魔術圖案。與其說明複雜的科學原理，透過簡單的遊戲更能讓孩子對神奇的自然現象感興趣。

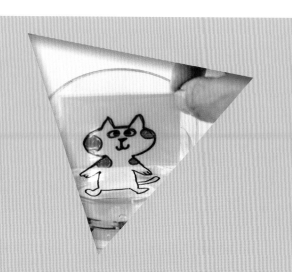

紙	塑膠袋（夾鏈袋）	油性簽字筆	透明杯	水

在紙上用油性簽字筆畫出有花紋的貓咪。

 不畫貓咪也沒關係，也可畫一些有花紋的動物或昆蟲圖案。

把圖畫放入塑膠袋，在塑膠袋上用油性簽字筆繪出貓咪的外圍輪廓。

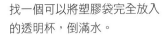
找一個可以將塑膠袋完全放入的透明杯，倒滿水。

把放入圖畫的塑膠袋完全放進水中，泡水的部分的花紋就會消失。

一起開心玩

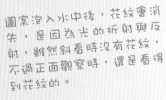 圖案泡入水中後，花紋會消失，是因為光的折射與反射，雖然斜看時沒有花紋，不過正面觀察時，還是看得到花紋的。

科學實驗遊戲

恐龍蛋孵化了！

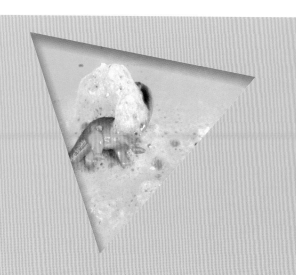

將小蘇打粉和檸檬酸粉放入水中，就會一邊溶解一邊咕嚕咕嚕產生泡泡，我們可以利用這一原理，做出會溶化的恐龍蛋，當咕嚕咕嚕的泡沫出現時，恐龍就會誕生，孩子們非常喜歡！

※檸檬酸粉可在「小北百貨」或「化工材料行」購得。

 小蘇打粉180g　 大盆子　 檸檬酸粉60g　 顏料（食用色素）　 食用油15g　 玩具恐龍　 臉盆　 水180ml

1

在大盆子中，倒入一杯小蘇打粉（約180g）。

2

放入檸檬酸粉4大匙（約60g）。

放入些許顏料或食用色素。

放入食用油1大匙（約15g）。

3 放入所有材料後，均勻攪拌。

！ 請注意避免使用不能碰水的玩具

4 準備好要放入恐龍蛋中的玩具恐龍。

5 Tip 若無法成形，可以再加入一點食用油。

將玩具恐龍塞入攪拌好的材料中，再用手捏出一顆顆恐龍蛋造型。

一起開心玩

將恐龍蛋放入臉盆，再倒入水溶開。

恐龍蛋漸漸孵化了！

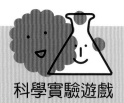

彩虹糖的顏色遊戲

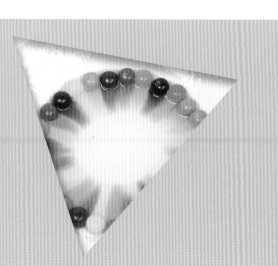

將顏料或色素放入水中時，顏料或色素在水中散開的現象稱為「擴散」，我們可利用擴散現象，用五彩繽紛的糖果做出華麗又漂亮的彩虹。

各色彩虹糖

圓盤

水

將各色彩虹糖沿著盤子邊緣繞圈擺放。

繞圈擺放成一圓形模樣，可以將同色放在一起、或依照喜歡的顏色排列順序。

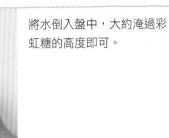
將水倒入盤中，大約淹過彩虹糖的高度即可。

![一起開心玩]一起開心玩

注意看盤中顏色的變化，彩虹糖的色素逐漸溶於水中，會擴散成漂亮的彩虹。

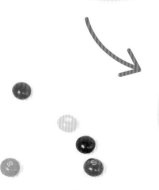

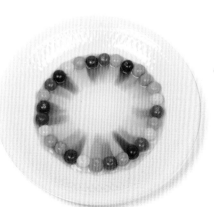

科學實驗遊戲

膨起來了！顏料麵糊

在麵粉中加入鹽和小蘇打粉當膨鬆劑，做成加熱後會變成立體形狀的麵糊。可以跟孩子一同做出會膨脹的顏料，觀察顏料的狀態與加熱後的變化，開心體驗科學遊戲（雖然是使用天然材料，但是以遊戲為目的，完成後的顏料請勿食用）。

麵粉180g	小蘇打粉90g	大碗	鹽15g	水180ml	湯匙	調味料空瓶	顏料	黑色圖畫紙	微波爐

在大碗倒入麵粉、小蘇打粉。

放入鹽1大匙（約15g）。

倒入1杯水（約180ml）。

將所有材料攪拌均勻後，做成麵糊。

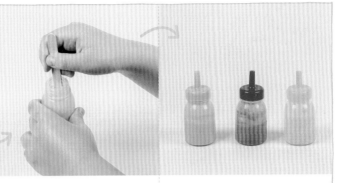

將麵糊分別裝入幾個調味料的空瓶中。

接著在不同調味料瓶中各再放入不同顏色的顏料後搖勻。

膨脹的顏料就完成了。

拿出一張黑色圖畫紙，用不同顏色的顏料瓶自由作畫，最後拿到微波爐，微波加熱1分鐘左右。

! 麵團容易燒焦，微波過程中記得確認一下。

🏃 一起開心玩

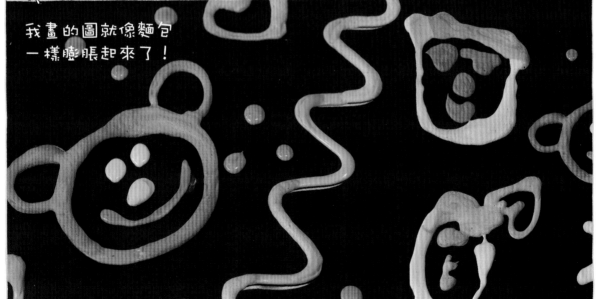

我畫的圖就像麵包一樣膨脹起來了！

魔幻熔岩泡泡燈

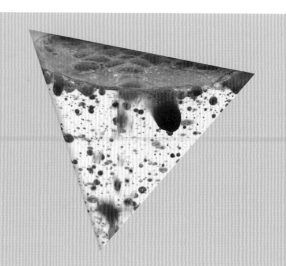

利用「油水不相容」的原理，就算搖動攪拌，油水也會再次分離。利用這個特性，將食用油與水彩顏料搭配手機光源，就可以輕鬆做出熔岩般不斷流動的彩色泡泡。

食用油　　透明玻璃杯　　水性顏料　　發泡錠數個

在透明玻璃杯中倒入半杯食用油。

在食用油中注入水性顏料。

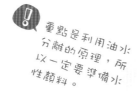

重點是利用油水分離的原理，所以一定要準備水性顏料。

水性顏料與油不相容，略微等待後，會發現顏料沉澱在杯底。

 放入的發泡錠越多，顏料就會越快速移動

放入發泡錠。

當發泡錠產生泡沫時，顏料也會一同往上升。

 一起開心玩

顏料不斷變形、上下快速移動的模樣，就像繽紛的熔岩泡泡！

➕ 在玻璃杯下方用手機閃燈照射，就可以看見漂亮的燈光

 當發泡錠停止發泡，顏料再度沉澱時，就可以再放入發泡錠。

科學實驗遊戲

杯子裡的彩虹世界

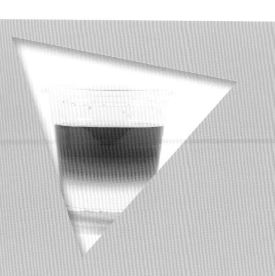

利用不同液體的密度差異，讓一杯水有了美麗的色彩層次，下方步驟使用的是紅、藍兩色的顏料，也可以換成其他孩子喜歡的顏色。

水　　　透明杯3個　　　湯匙　　顏料（紅、藍）　　　鹽　　　砂糖　　　滴管

三個杯子各倒入1/4杯的水。

第一杯水放入藍色顏料。

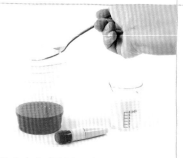

第二杯放入紅色顏料與3大匙（約45g）砂糖後，攪拌均勻。

第三杯放入3大匙砂糖與5大匙鹽（約75g）後，攪拌均勻。

① 藍色　② 紅色　③ 無色

＋砂糖　＋鹽

觀察三杯內的液體量，可以看出放入砂糖與鹽的那兩杯，液體的體積較大。

Tip 若沒有滴管，亦可用幼兒藥水的小量杯來取代。

將第②杯的液體，用滴管滴入第③杯中。

! 注意不要讓杯子劇烈晃動，層次會變得模糊！

再將第①杯的液體，用滴管滴入第③杯中。

一起開心玩

彩虹漸層水完成！因為各個液體的密度不同，所以不會完全混合。

像彩虹般的分層完成了！

是不是很漂亮呢？

科學實驗遊戲

牛奶抽象畫

這是利用液體的「表面張力」來玩的遊戲。以具「包覆油脂」功用的洗碗精觸碰帶有油脂的牛奶，牛奶的油脂形成波動、表面張力被破壞，連帶著滴入牛奶中的顏料也像漩渦般四散、流動，形成抽象畫般的美麗圖案。

牛奶	淺盤	藥水瓶	顏料	棉花棒	洗碗精

1

在淺盤中倒入牛奶，倒到看不見器皿底部即可。

TIP 準備幾個藥水瓶，各自放入不同顏色的顏料備用。

2

在牛奶中滴入不同顏料。

把棉花棒沾滿洗碗精。

 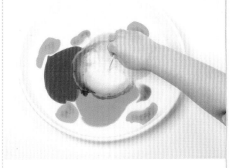

將棉花棒放入已經滴入多色顏料的牛奶。

發現棉花棒周圍的顏料瞬間擴散開來。

一起開心玩

看看牛奶上的顏料，產生了什麼樣的花紋呢？

將棉花棒移動、或將棉花棒接觸盤中多個區域，觀察花紋會產生什麼樣的變化！

科學實驗遊戲

紙杯無線喇叭

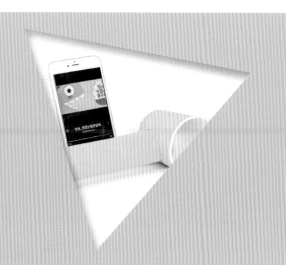

透過與管子相似的狹窄空間傳遞聲音，由於管子會阻礙聲音往外擴散，進而讓聲音能夠傳遞得更遠。只要利用這一原理，就能以廚房紙巾芯與紙杯，輕鬆做出一個簡單的無線喇叭。

| 廚房紙巾芯 | 鉛筆 | 美工刀 | 紙杯2個 | 衛生紙 |

在廚房紙巾的捲筒芯中間，畫出一個大小剛好可以插入手機的洞。

沿著畫好的線割開捲筒。

拿出一個紙杯，把捲筒芯放上去，照描出一個圓形。

將上個步驟畫的圓割開。

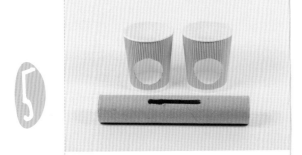

再將另一個紙杯也割出相同的圓孔。

在捲筒芯的兩側塞入衛生紙團。

Tip 不要塞滿整個紙杯，預留一些空間

分別將紙杯插入捲筒芯的兩側。

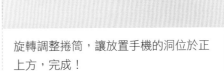

旋轉調整捲筒，讓放置手機的洞位於正上方，完成！

 一起開心玩

在話筒上插入手機，就可以聽喜歡的音樂了。

可以在上面塗鴉或拼貼色紙來裝飾，做一個專屬自己的喇叭

自然觀察遊戲

充滿回憶的
貝殼相框

象徵著全家一起到海邊的美好回憶的貝殼，已經被丟棄在家中角落了嗎？其實可以用這些貝殼做出漂亮的相框，將重要的相片放在這個回憶相框中。

| 紙盤2個 | 美工刀 | 黏土 | 貝殼 | 透明膠帶 |

將紙盤中間圓形部分用美工刀割開。

刀片危險，需大人協助

用黏土填滿紙盤周遭。

將貝殼壓黏於黏土上。

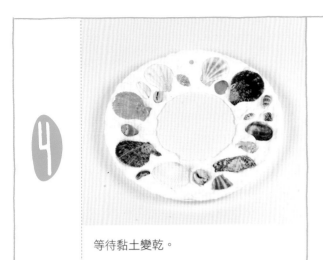

4

等待黏土變乾。

5

從紙盤背面貼上照片後，再黏上另一個
紙盤。

一起開心玩

將有特殊紀念意義的相框放在
顯眼的地方吧！

➕ 除了放上照片，也
可以放上親手繪製
的圖畫喔！

自然系捲筒貓頭鷹

在捲筒衛生紙芯上黏貼容易取得的自然素材,從自家花圃到戶外的公園或山間,拾起掉落在地上的果實與葉片,就能做成一隻貓頭鷹,和孩子一起享受在大自然尋找靈感與素材的時光。

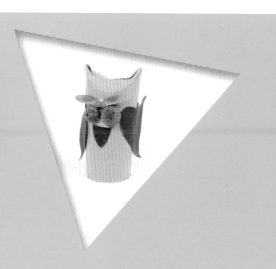

捲筒衛生紙芯	橡實	白膠	眼睛貼紙	自然素材(果實、樹葉等)

青楓果實

橡實殼斗

樹葉

準備一個捲筒衛生紙芯與各類自然素材,如果是多人一起製作,可以採集多一點掉落的葉片或果實。

在捲筒衛生紙芯的上端,往內側按壓,摺成貓頭鷹的頭。

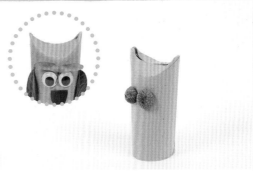

將橡實殼斗（長得像帽子一樣的部分）黏貼在捲筒衛生紙芯上端，當做貓頭鷹的眼睛。

如果沒有採集到橡實，也可以用眼睛貼紙或是其他類似的素材代替。

TiP 蒐集各種不同植物，做出自己的獨特貓頭鷹！

用白膠黏貼樹葉在捲筒衛生紙芯兩側，做成貓頭鷹的翅膀。

青楓果實很適合做成眉毛，再剪裁樹葉做成嘴巴，捲筒衛生紙芯貓頭鷹完成！

一起開心玩

嘿嘿！我們是貓頭鷹家族！

自然觀察遊戲

柿子蒂項鍊

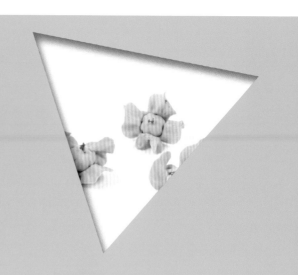

到戶外的時候，可以仔細找找會開花結果的植物，如果發現柿子等帶蒂頭的果實，就可以串成美麗的項鍊！一邊尋找適合製作項鍊的果實，也可以一邊觀察各種植物喔！

掉落的小柿子　　大針　　粗毛線

撿拾幾顆掉落的小柿子，按住柿子後端就可以輕易將柿子跟蒂頭分開。

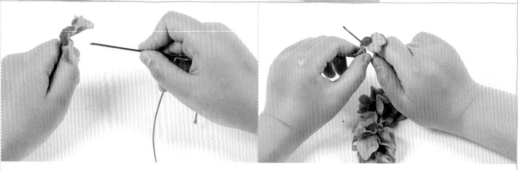

用大針穿上粗毛線，粗毛線長度可以先剪長一點，確保可以將多個柿子蒂串在一起。

柿子蒂串好後，將線打死
結固定，就做好項鍊了。

 項鍊的長度不要做得
太短，以免完成後頭
套不過去。

中間也可以加入其他
水果或是樹葉，就可
以完成一條色彩繽紛
的項鍊。

一起開心玩

看看我做的柿
子蒂項鍊掛在
脖子上，是不
是很酷？

自然觀察遊戲

樹枝做王冠

和孩子一起去採集吧！大自然中許多植物都是出色的素材，利用枝葉就可以做出獨特的王冠造型，只要熟悉綑綁的方式，還可以做成戒指、項鍊等裝飾品，或是相框的邊框喔！

帶葉片的枝葉（選擇枝條有韌度可綑綁的植物）

取一段枝條較軟、有韌性、可彎曲的樹枝。

抓住樹枝下方，一口氣往上推，就能輕易摘去樹葉。

準備好幾根已經剔除掉葉片的樹枝。

將樹枝以交叉方式，做成十字模樣，轉一圈後綁起。

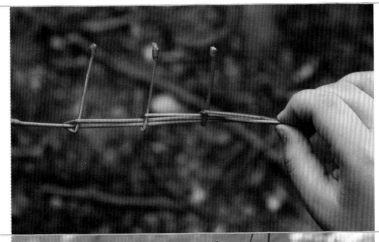

間隔一個手指頭的距離，再綁上一根新的樹枝，並重覆上一步驟的動作。

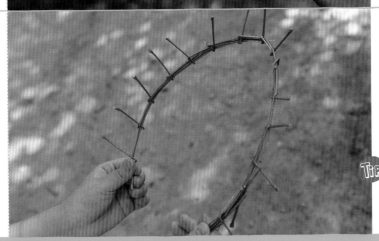

做到大約完成頭圍長度後，就可將兩側綁起來。

Tip 如果覺得樹枝過硬，兩側很難綁起來時，可以先用線或繩子固定住。

一起開心玩

在旁邊點綴一朵花或其他自然素材，戴起來又更特別！

自然觀察遊戲

轉呀轉！橡實陀螺

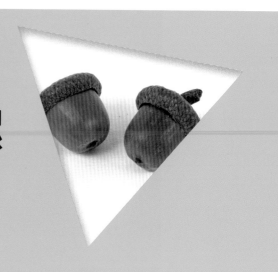

秋日往山上採集特別容易看見「橡實」，是製作玩具的好材料，這一回我們在橡實上插入牙籤，就完成一個簡單的陀螺。記得提醒小朋友，橡實是松鼠過冬的糧食，不可以貪心撿拾太多喔。

橡實　　　錐子　　　牙籤　　　剪刀

1

將橡實的殼斗（上面像帽子的部分）摘除後，從中間用錐子鑿出一個洞。

! 錐子危險，需大人協助

2

穿洞處插上牙籤。

 牙籤必須穿過另外一頭，才會成為一個可以轉的陀螺。

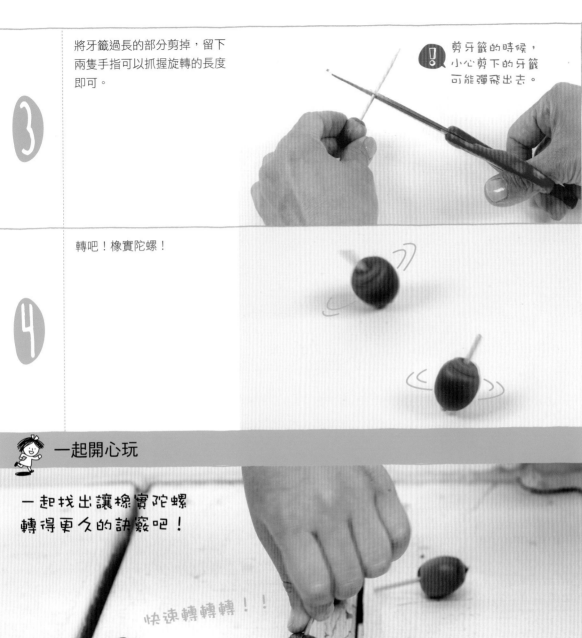

3 將牙籤過長的部分剪掉，留下兩隻手指可以抓握旋轉的長度即可。

剪牙籤的時候，小心剪下的牙籤可能彈飛出去。

4 轉吧！橡實陀螺！

一起開心玩

一起找出讓橡實陀螺轉得更久的訣竅吧！

快速轉轉轉！！

自然觀察遊戲

數「枝」遊戲

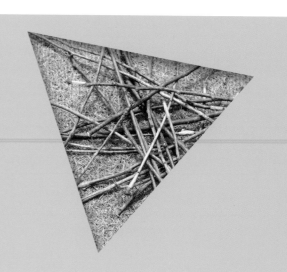

「數隻」原本是學算數時玩的趣味遊戲,現在就用樹枝來玩玩
看數「枝」遊戲,只要蒐集好一定數量的樹枝,就可以跟朋友
一起開心玩囉!

樹枝　　　紙膠帶

撿拾一把大小、粗細差不
多的樹枝。

將樹枝依照玩的人數均
分,各自用專屬顏色的紙
膠帶,將自己的每一根樹
枝貼起來做記號。

再將所有樹枝放回地上混合一起,接著以剪刀石頭布的方式決定順序。

依照順序在樹枝堆中撿起自己的樹枝。

像疊疊樂一樣,若撿拾的過程中碰落其他樹枝,就必須換下一個人。

Tip 若孩子還很小,很難按照順序抽出自己的樹枝,可以將規則簡化成找出自己的樹枝即可。

一起開心玩

我的樹枝都被我找到了!

自然觀察遊戲

毛茸茸狗尾草兔子

路邊常見的狗尾草有很多品種,在野外幾乎都可以看見它的蹤跡。將長得像狗尾巴的狗尾草綁起來,就可以做成可愛兔子的臉蛋,下次和孩子一起走出戶外時,不妨採集來創作吧!

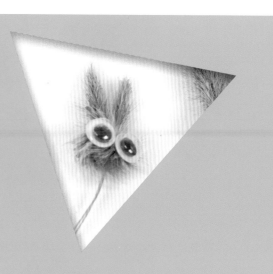

狗尾草

眼睛貼紙

拔幾根長得胖嘟嘟的狗尾草,可能需要用點力才能拔起來。

將其中兩根狗尾草毛茸茸的部分繞一圈,綁起打結。

Tip 結要打鬆一點,才能做出胖胖的兔子臉。

貼上眼睛貼紙後，就完成了
可愛的狗尾草兔子！

③

一起開心玩

蒐集好狗尾草後，可以多花點
時間觀察看看，毛茸茸鬆軟鬆
軟的部分是花，裡面還可以看
見一顆顆的種子哦！

鳥飼料的家

餵食動物是一項能給予孩子們安全感的活動，同時也能培養孩子愛護與關心大自然的心。捲筒衛生紙芯上沾附各種穀物後，就能做出一個放置鳥飼料的家。

捲筒衛生紙芯	打洞機	花生蜂蜜醬	底部平坦的器皿	鳥飼料（白米、小麥、紅豆等）	棉繩	樹枝

1

將捲筒衛生紙芯上、下端的兩側各用打洞機打出一個洞。

2

將捲筒衛生紙芯外側仔細塗上一層花生蜂蜜醬。

3

將可以當成鳥飼料的穀物、豆子等平鋪在器皿上，將塗好花生蜂蜜醬的捲筒衛生紙芯放上去滾一滾、均勻沾附。

4

捲筒衛生紙上端的兩個洞用棉繩穿過綁起，掛在樹枝上，下端的兩個洞，用長一點的樹枝穿過，以便小鳥可以站立在樹枝上方吃飼料。

 一起開心玩

完成了鳥飼料的家，快掛到樹上等小鳥來覓食吧！

小鳥們～開心地吃吧！

自然觀察遊戲

大自然的色彩學

大自然中有許多顏色，例如山林裡有各種深淺不一的綠色、褐色、黃色等。和孩子一起用西卡紙做出色卡後，嘗試到山裡尋找各種顏色，並將這些顏色分類。

西卡紙　　卡片環　　打洞機

1

將一疊各色西卡紙對齊，用打洞機打出一個洞，用卡片環穿過，做成有很多顏色的色卡本。

2

到山裡或附近的公園，觀察大自然中的各種元素，再找出與色卡相似的顏色吧！

Tip 先選出其中一張色卡，然後找尋各種植物來比對看看，找出相似的顏色。

有找到與色卡相似的顏色嗎？

TiP 一起試試看找出深淺不一的綠色吧！

同一種植物，其葉子正面和背面的顏色，以及花、果實的顏色可能都不一樣喔，觀察單一種植物的「花朵、葉子、果實、種子」，算算看有幾種顏色吧！

自然觀察遊戲

奇形怪狀的大自然

這是讓幾何圖形的概念和生活結合的遊戲，和孩子一起到公園、森林找尋各種形狀。不僅可以一同尋找圓形、三角形等常見的幾何圖形，也可以跟孩子事先想想還有哪些形狀，一同找尋特別的形狀哦。

圖畫紙　　　　　簽字筆（或其它繪畫用具）

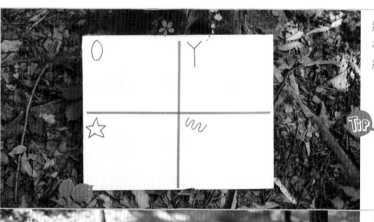

將圖畫紙分成四個象限，在不同象限畫上不同的形狀標示。

Tip 除了常見的三角形、四角形，還有很多可能的形狀。

仔細看公園或森林裡的各種植物，觀察看看有哪些形狀。

將符合四個象限內的形狀各自蒐集起來，也可以設定遊戲是「大家一起出發尋找，看誰最快找到所有的形狀」，非常好玩！

③

一起開心玩

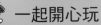

和孩子一起找到了什麼形狀呢？

✚ 也可以依據現場狀況，畫出幾種可能的形狀再去找尋。

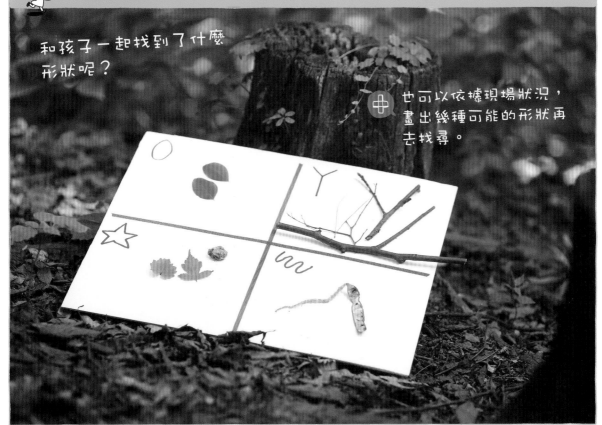

身體活動遊戲

搖擺桌球

這個遊戲是在身上綁一個衛生紙盒，衛生紙盒內裝滿桌球，接著我們要嘗試各種方式讓桌球掉落，或搖、或跑、或變換各種姿勢，開開心心和孩子一起活動身體吧！

衛生紙盒　　剪刀　　美工刀　　行李束帶（或皮帶）　　桌球20顆左右

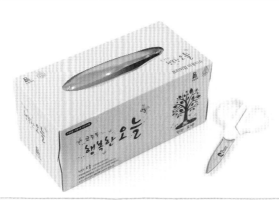

將衛生紙盒上方的孔洞剪得更大一點，大約是剛好可以放入以及取出桌球的大小。

在紙盒兩側的下端，用美工刀挖出一個可以穿過行李束帶的洞。

刀片危險，需大人協助

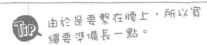

TiP 由於是要繫在腰上，所以寬繩要準備長一點。

將行李束帶穿過兩側洞口，也可使用皮帶代替。

在衛生紙盒內裝滿桌球。

一起開心玩

將裝滿桌球的紙盒綁在腰上，
搖搖屁股、變換姿勢，
想辦法讓桌球掉落！
當桌球全數掉落後，
遊戲就結束了。

TiP 身體朝不同方向晃動，找出可以讓桌球掉出來的方法，可以和朋友比賽誰最快讓桌球全部掉出來。

TiP 絕對不可以用手搖盒子，或是用手拿出桌球喔！

身體活動遊戲

在家玩尋寶遊戲

將畫有提示的紙張，藏在家中各處後，再讓孩子一個個找出猜謎。這是一個孩子一定會喜歡的遊戲，不僅材料簡單，更結合尋寶、猜謎、關卡、偵探元素，讓孩子盡情投入！

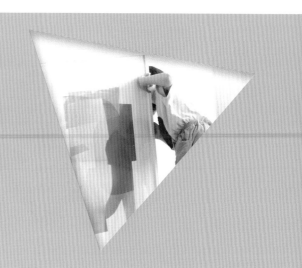

便利貼　簽字筆

彩虹

①

決定一個主要詞彙（例如「彩虹」），以及與該詞彙有關的其他六個提示，都寫在便利貼的後方。

②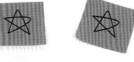

在便利貼的正面，畫上星星，作為提示卡的標示。

③ 提示是7的話，會是什麼？是七矮人嗎？

把這些提示卡藏在家中四處後，開始遊戲。如同找尋寶物一樣，一個個找出提示卡，蒐集各個提示後猜出最終詞彙。

Tip 若孩子還小，可以把範圍限縮在客廳、或是孩子的房間。

一起開心玩

到底會藏在哪邊呢？

原來在書下面！

相框後面有嗎？

不知道椅子的下面會不會有！

找到了！

又找到一張提示卡！

Tip 一邊進將提示卡藏在孩子可以找到的地點。

身體活動遊戲

塑膠氣球飛呀飛

將塑膠袋綁起做成球狀，用手持風扇不停吹動這顆氣球，直到氣球到達終點，很適合和朋友協力進行，避免塑膠球在終點前落地。這個遊戲可以讓孩子體驗互相合作的重要性。

塑膠袋　　　手持風扇

打開塑膠袋來回揮動，讓塑膠袋充滿空氣。

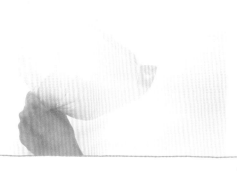

將裝滿空氣的塑膠袋綁起來，做成氣球。

在氣球下方放個手持風扇，打開風扇讓氣球飛起來。

不斷讓風扇吹動氣球，嘗試讓氣球到處飛，不要落地。

 一起開心玩

決定目的地，跟朋友同心協力讓氣球飛抵目的地吧！

呀呼～氣球飛起來了！
要小心千萬不要掉下去喔！

Tip 跟朋友一同成功完成某件事的經驗，是能讓孩子感受到自身存在價值的重要契機。

飄浮鋁箔球

認真環顧四周就會發現，生活中有許多隨手可得的玩具素材。
這次要使用的是常見的可彎吸管、鋁箔紙，做出一個能讓孩子
獨自玩，也可以跟朋友一起玩的玩具。

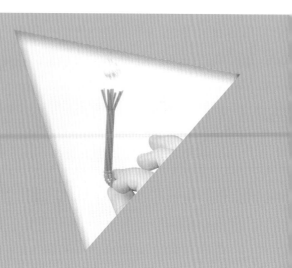

可彎吸管　　剪刀　　鋁箔紙

1

將可彎吸管短的那一側尾端用剪刀剪成8段細條。

2

將每一段都往外翻摺。

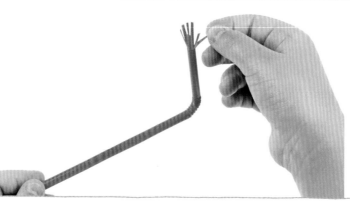

③

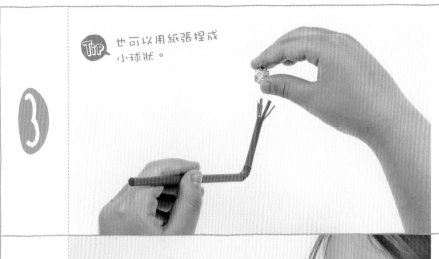

Tip 也可以用紙張捏成小球狀。

將鋁箔紙捏成小球，擺放在吸管的尾端。

④

從吸管的另一側用力一吹，讓鋁箔小球飛起來。

 一起開心玩

跟媽媽、爸爸、朋友一起玩這個讓球飛起來的比賽。

誰可以讓球飛起得更久、更高呢？

呼嚕呼嚕！吹出大泡泡

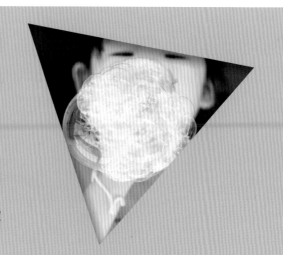

泡泡遊戲是每個孩子都超級喜歡的遊戲，不過這次我們不是要吹出飛向天空的輕盈泡泡，而是要做出很特別的巨大肥皂泡泡。

寶特瓶（600ml以下）	紙膠帶	美工刀	塑膠網袋	剪刀	橡皮筋	肥皂水	凹的器皿

①

由寶特瓶瓶口向下約整個瓶身的三分之一處，繞一圈紙膠帶作為標記。

②

刀片危險，需大人協助

沿著紙膠帶，用美工刀將寶特瓶裁切下來。

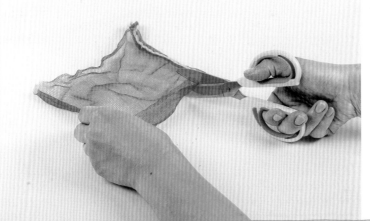

將塑膠網袋剪出一個略大於裁切瓶口的大小。

 利用在超市購買洋蔥或蒜頭、馬鈴薯等食材的塑膠網袋即可。

將剪好的塑膠網袋套在寶特瓶裁切口，再用橡皮筋牢牢固定。

🏃 一起開心玩

讓塑膠網袋浸泡肥皂水之後，從寶特瓶瓶口用～力地吹，呼嚕呼嚕！哇～你的泡泡好大，換我換我！

 塑膠網袋要充分浸泡肥皂水，才能製造出許多泡泡。

紙飛機過山洞

這是一個讓紙飛機飛起,並通過洞口的遊戲。為了確認紙飛機能夠順利飛入洞口,孩子要學習調整射出紙飛機的力道,讓孩子多次嘗試,培養鍥而不捨的問題解決能力。

全開厚紙板	簽字筆	美工刀	各種不同大小的圓形物品	色紙

在全開厚紙板上,放上幾個大小不同的圓形物體後,描繪其大小,再用美工刀割出洞,但要注意洞的大小要能讓紙飛機通過。

① 美工刀危險,需大人協助

用色紙摺出幾個紙飛機。

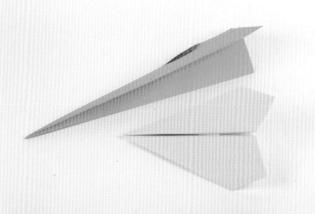

TiP 拉高紙飛機的尾端，將紙飛機向上射，就會往上飛；紙飛機向下射，就會往下飛。

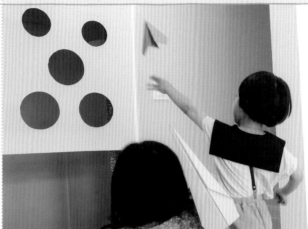

將割好洞口的全開厚紙版固定在一角，保留後方可讓紙飛機穿過的空間，就完成了紙飛機過山洞的遊戲設施。

TiP 若紙飛機不太能飛，可以更換其他材質的紙試試看，或是協助孩子調整射紙飛機的力道。

一起開心玩

飛啊，紙飛機！

啊～！差一點點就穿過洞口了！

身體活動遊戲

蒐集彩色紙片

這是一個區分不同顏色，同時蒐集紙片的遊戲，不需要大空間或很多材料，在不能用手移動彩色紙片的情況下，讓孩子蒐集自己選定的顏色紙片，是一個可以培養專注力和耐力的遊戲。

色紙　　　剪刀　　　吸管　　　小碗

Tip 紙片越多越好，每一種顏色可以準備多張色紙

準備好至少三種顏色的色紙和一把剪刀。

將色紙剪成形狀大小相同的紙片，並將紙片混合散放在桌上。

TiP 當相同顏色的紙片不夠多時，可以讓孩子多選一種顏色來蒐集。

讓孩子選定自己的顏色，用吸管將選定色的紙片吸起，放到自己的碗中。

③

 移動紙片的過程不可以用手喔！

一起開心玩

一開始太用力，後來慢慢掌握吸的力道了！

TiP 不是要比誰蒐集得多，而是練習在很多顏色裡面找到自己選定的顏色。

身體活動遊戲

紙杯保齡球

這是一個將紙杯疊成塔狀，再用球推倒的遊戲，材料只需要紙杯和小球。在堆疊紙杯的過程可以培養平衡感、空間感與專注力，最後將疊高的紙杯一次擊倒，也有消除壓力的效果！

 紙杯數個　　 小球

將紙杯疊起，不必一次疊完，疊成什麼模樣也不需設限。

TiP 讓孩子決定推疊成什麼樣子也很有趣。

將球用滾的或丟的，擊倒紙杯塔。

一起開心玩

哇～這次一丟，
紙杯塔就全倒了！
無法一次全倒時，
多丟幾次吧！

跟幾個朋友一起玩時，可以依順序增加堆疊的紙杯數來增加難度，會更有趣！

紙棍丟擲遊戲

這個遊戲的靈感，是來自芬蘭的國民遊戲Mölkky，是將分數標示在木柱上，將木柱立好後，丟擲木棍擊倒木柱，再將分數加總決定勝負的遊戲。只要利用多個捲筒衛生紙芯，就可以體驗經典又簡單的Mölkky玩法。

 捲筒衛生紙芯13個　 色紙　 簽字筆　 剪刀　 膠水　 報紙　 粗膠帶

將捲筒衛生紙芯放在色紙上，描出12個圓形並逐一剪下。

1

2

在剪下的12個圓形上分別標示數字1到12。

將捲筒衛生紙芯的一側塗上膠水，黏上剛剛剪的圓形色紙。

用相同方法製作出標有分數的12個紙柱。

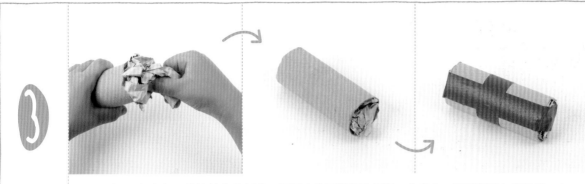

最後剩下一個未加工的捲筒衛生紙芯，要用來做丟擲用的紙棍。先塞入一團報紙增加重量後，在兩端貼上膠帶，紙棍就完成了。

```
        ⑦ ⑨ ⑧
       ⑤ ⑪ ⑫ ⑥
        ③ ⑩ ④
         ① ②
```

將12個紙柱依照圖示排列好，就可以開始玩了！丟擲紙棍來擊倒紙柱吧！

★計算分數的方法
1. 只有擊倒一個紙柱時，獲得該紙柱標示的分數。
2. 擊倒超過一個紙柱時，依擊倒紙柱的數量計算得分，例如擊倒三根紙柱得三分。
3. 先得五十分者獲勝。

一起開心玩

用力丟紙棍，讓紙柱倒下吧！算算現在得幾分了？

Tip 要拿到高分的話，就必須準確擊倒分數高的紙柱，或是一次擊倒多根紙柱！

Tip 丟擲距離可以依據孩子的年紀調整

動來動去的小蟲蟲

色紙摺一摺，就能做出一條不停蠕動的小蟲蟲！不只可以為蟲蟲畫出各種表情和紋路，如果孩子跟朋友一起玩，還可以延伸玩「小蟲蟲賽跑遊戲」。

色紙　　　剪刀　　　簽字筆　　　吸管

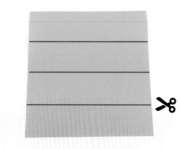

將一張色紙剪成四條等寬長條。

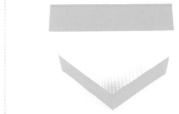

將剪下的其中一個長條對摺。

將步驟2對摺長條的兩邊各再對摺一次，接著再往中間對摺一次。

將步驟3的長條沿著中線對摺成如下圖的長方形後，將兩側剪成圓弧狀。

Tip 請參考下方形狀剪裁

 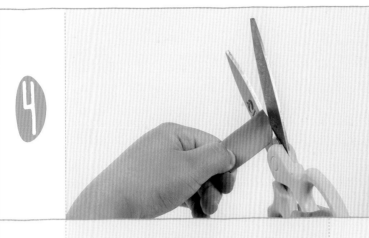

  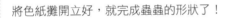 

將色紙攤開立好，就完成蟲蟲的形狀了！

選擇其中一側，畫出蟲蟲的臉。

一起開心玩

用吸管大力吹氣，就能讓小蟲蟲快速前進！

一起把小蟲蟲送回家吧！

身體活動遊戲

我丟！牛奶盒飛鏢

牛奶盒的紙張厚度夠，上面還塗上了膠膜，非常牢固，適合重複使用，是製作玩具的好材料。利用空牛奶盒做出可以丟擲的飛鏢，孩子可以跟父母、朋友一起玩丟接遊戲，也可以訂出一個丟擲的標靶再開始玩。

1L牛奶盒

剪刀

裝飾用貼紙

先將牛奶盒開口與底部都剪下，只留下盒身。

2cm

將盒身壓扁後，如圖每2公分畫出一條線，總共4條線。

沿著畫出的4條線，剪出4個長條。

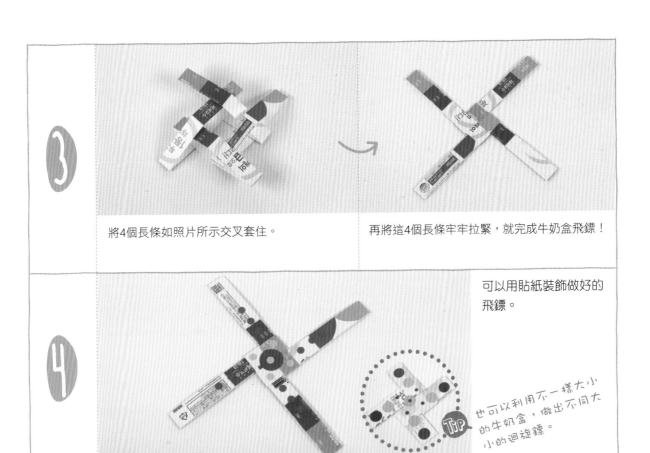

③ 將4個長條如照片所示交叉套住。

再將這4個長條牢牢拉緊，就完成牛奶盒飛鏢！

④ 可以用貼紙裝飾做好的飛鏢。

也可以利用不一樣大小的牛奶盒，做出不同大小的迴旋鏢。

一起開心玩

去吧！我的飛鏢！

！ 注意，不能對著別人射飛鏢喔！

身體活動遊戲

寶特瓶投接球

只要兩個寶特瓶，加上適當的空間，就可以和孩子來場活動身體的拋接球運動！用寶特瓶做一個可以取代棒球手套的接投手套，一同度過快樂的親子時光。

寶特瓶2個　　紙膠帶　　美工刀　　剪刀　　球（橡皮球）

將寶特瓶洗乾淨後，從底部往上瓶身三分之一處，繞一圈紙膠帶做為標示。

Tip 不必和圖中購買一模一樣的款式，只要挑選瓶口較長的寶特瓶，手可以抓握瓶口的即可。

用美工刀裁切寶特瓶，再用剪刀把裁切邊修平整。

! 使用刀片危險，需大人協助

在裁切邊貼上紙膠帶，避免刮手。

用相同方法製作出兩個寶特瓶手套。

 一起開心玩

一起用寶特瓶手套
玩投接球遊戲吧！

TIP 記得挑選與寶特瓶手套
開口適當大小的球喔！

懷念的
牛奶盒尪仔標

尪仔標存在於許多家長的兒時回憶中，雖然可以直接購買塑膠尪仔標，但是何不試試看利用紙張，和孩子一起做出好玩的牛奶盒尪仔標呢？

掃描看影片

1L牛奶盒　　剪刀

從牛奶盒的開口處橫剪開後，沿著牛奶盒的四個邊線剪開。

將牛奶盒攤開成十字狀。

將下方那一片盒身如圖示向右摺。

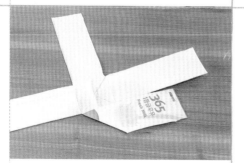

再沿著邊線往上翻摺。

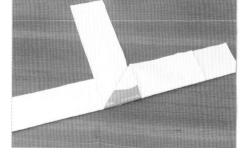

5 沿著上一步驟摺起的三角形邊緣，往上翻摺。

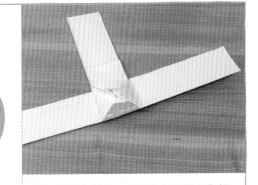

6 再如圖向左摺起，並將多出的部分全部剪掉。

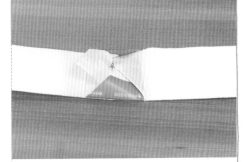

7 接著將上方的那一片也依照步驟3～6的方式摺起，並將摺起的部分往內凹摺。

8 翻面，將剩餘的兩片盒身用相同方式摺起，就完成尪仔標了！

Tip 若將牛奶盒反摺，就可以做出白色的尪仔標。

一起開心玩

多摺幾個，就可以跟朋友一起玩囉！

➕ 可以在白色的那一面畫畫或貼貼紙，做出專屬自己的尪仔標

身體活動遊戲

啊～倒了！
繪本骨牌

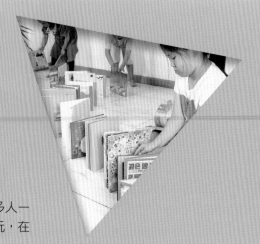

將書本擺放好就可以開始玩的骨牌遊戲。可以一個人玩，也可以多人一起玩。骨牌遊戲可以培養孩子的空間感與專注力，若跟朋友一起玩，在立起骨牌的過程中，也可以練習遵守秩序以及與他人合作的能力。

20～30本繪本

①

準備多本大小不一的繪本（繪本的書皮通常較硬，立得比較穩）。

②

在大一點的空間將繪本像骨牌一樣接續擺放好。

大家一起立起繪本時，可能會出現繪本不斷倒下來的情況，這時提醒孩子們不要互相責備，而是要彼此鼓勵、幫忙。

一直無法立起繪本時，將書再打開一點試試看。

書本骨牌完成後，從尾端推一下書，就可以看到骨牌陸續倒下。

一起開心玩

可依據書本的顏色、大小等決定擺放的規則

哇哇～順利全倒了！

Tip 每個孩子可能都想當「最後負責推倒骨牌的人」，這時可以事先用猜拳的方式決定順序後，再開始遊戲。

身體活動遊戲

咚！彈力桌球比賽

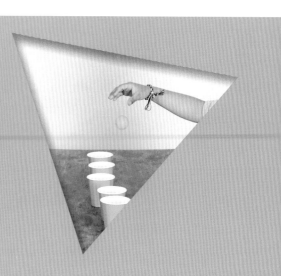

為了將球剛剛好投進紙杯中，需要專注調整丟球的力道，如果剛開始孩子覺得太困難，可以先從紙杯的上方以放球的方式投入；如果孩子覺得太簡單，也可以改變規則為「讓球在中途彈跳一次」來增加難度。

紙杯10個（兩色各5個）

桌球2顆

在桌子的兩側分別擺放5個杯子，各排成一列。

兩人輪流試著將桌球丟入對方的紙杯中。

進球後就將該紙杯倒放。
等到所有紙杯都倒放之
後，再開始新的一局。

如果孩子覺得要丟進球太
困難，可以改成讓孩子將
球從紙杯上方投入的方式
來進行遊戲。

一起開心玩

呀呼～五個都投進了！

如果孩子覺得丟球很
簡單，可以改成像桌
球一樣，以在桌面彈
跳一次的方式投入。

身體活動遊戲

紙杯不倒翁

這是一個藉由將石頭丟入杯中，讓杯子立起的遊戲，雖然是個規則單純的遊戲，但要將石頭或球丟入杯中並不簡單。若孩子們覺得很困難，可以協助孩子調整丟擲的方向或力道。

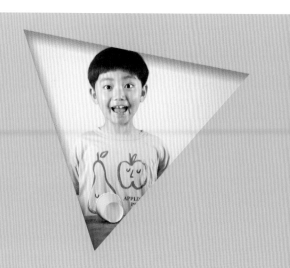

紙杯3個　　紙膠帶　　小石子或小彈珠

將3個紙杯擺放在桌上。

用紙膠帶將紙杯的一側固定在桌上。

在剛剛貼的膠帶上再橫貼一層膠帶，防止杯子左右晃動。

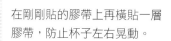

接著將紙杯往膠帶方向倒放。

3

接著試著將小石頭或小彈珠投進紙杯裡，當石頭或彈珠進到杯中後，杯子就會像不倒翁般立起來。

4

若杯子還是無法站立，就要更大力丟、或是稍微改變方向。

TiP 彈珠要丟入杯底才能讓紙杯立起來喔！

一起開心玩

看我的！

我的杯子像不倒翁一樣站起來了！

身體活動遊戲

腳趾環魔術

腳趾環魔術是將棉線套上雙腳的拇指後，再將套在線上的卡片環取出、有如魔術般的遊戲！孩子熟練後，還可以嘗試表演這個魔術給朋友或家人看呢！

掃描看影片

棉線

卡片環

準備一條長140～150公分的棉線,將線打結綁成一個圈之後,套入一個卡片環,接著將圈圈兩端各套入左右腳的大姆趾,把雙腳張開,讓環置於中間,兩側分別套入兩腳的拇指。

用右手手指將位於環右側較遠的線,往自己的方向拉並往上拉緊。

將左手手指,由剛剛往上拉緊的線下方穿入中間三角形區域的洞,再把另一條線往自己方向並向下拉緊。

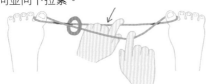

左手將拉緊的線套進右腳姆指。

此時該環位置會落在線的交叉點,接著用左手食指插入左邊的洞。

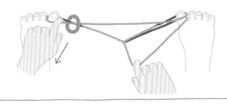

接著左手食指和大拇指拉緊靠近自己的那條線,這時會出現一個越來越大的三角形區域。

將左手拉緊的線再次套進右腳姆指,接著放開右手拉的線,兩腳略微晃動一下。

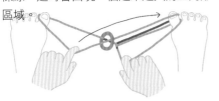

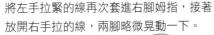

這時會發現線依然勾在雙腳拇指上,但是中間的環已經離開線、掉落在地上了,很神奇吧!

同心協力 紙杯疊疊樂

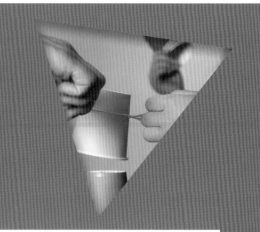

兒童心理學專家建議

這是一個可以讓孩子體驗團隊合作以及彼此溝通的遊戲。為了抓穩中間的紙杯，需要和朋友一同調整抓握橡皮筋的力道，需要團隊合作，而在移動紙杯往目標前進時，則是非常需要專注力。值得留意的是，若孩子習慣説出命令句如：「這樣動才對啦！」就很容易出現爭執，若是提醒孩子使用：「我～、你也～，好嗎？」等較有禮貌的方式溝通，彼此鼓勵更好。如果孩子們能夠不説半句話，只用眼神與表情來傳達訊息也可以。

紙杯數個、橡皮筋5條

1

將一條橡皮筋置放在中間，兩側各用兩條橡皮筋綁起。兩個人用雙手各抓住一條橡皮筋，並往自己那一側拉。

2

將紙杯疊起並倒放在桌面上，接著用橡皮筋將倒放的紙杯圈住。

小心將杯子拉起，並移動看看。

！ 移動紙杯時，如果其中一人過於用力，紙杯會因為一側橡皮筋拉得過緊而掉落。

試著將紙杯一個個移動後疊起來。

╬ 如果是四個人一起玩，一人拉一邊也很有趣！

一起開心玩

加油加油！移動紙杯堆疊成塔！

互動學習遊戲

藍旗白旗舉起來！

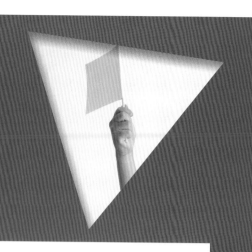

兒童心理學專家建議

這是一個培養注意力與瞬間爆發力、有趣又簡單的遊戲，也是一個讓孩子練習快速回應的機會，透過聆聽他人的言語指示，訓練視覺結合聽覺的反應力。不過，由於這是一個會分出勝負的遊戲，所以若是好勝心強的孩子，必須在遊戲開始前，明確向孩子解釋遊戲的架構，例如會有幾次指示、計分者是誰，以及動作正確的標準等等，讓孩子知道勝負的基準。

色紙、木筷、剪刀、膠水

①

將藍色色紙剪去三分之一（剪去的部分不要丟棄），並在其左側放上木筷。

②

用色紙將木筷捲起（圖中使用雙面色紙），再用膠水或是白膠黏緊。

將剛剛剪下的三分之一張色紙黏到捲起木筷的部分，讓旗子更穩固，藍旗完成了。

用與藍色色紙同樣大小的白色紙張，重複上述步驟製作出一個白旗。

 一起開心玩

根據說話者的指示行動，來玩舉起、放下藍旗與白旗的遊戲，可以提升孩子視覺和聽覺反應力。

 也可以將旗子命名，像是用小狗代替藍旗、用小貓代替白旗的方式，稍微增加難度跟趣味性

舉起藍旗！舉起白旗！放下白旗！放下藍旗！

互動學習遊戲

猜猜我寫了什麼

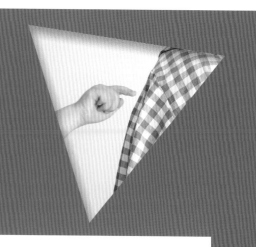

兒童心理學專家建議

透過彼此接觸、利用觸感來猜猜背上寫了什麼，是一個可以增進親子親密感的互動遊戲。在碰觸的過程中，不只能彼此感受各種情緒，寫好之後，多和孩子眼神接觸，就算有一方猜錯了，也能在笑容中建立「猜錯也沒有關係，媽媽會陪你一起玩很多次」的安全感。與其說這是個猜字遊戲，倒不如說是透過手指接觸、四目相對，以及在歡笑中增進親子情感的遊戲。

① 兩人一組，其中一個人轉過身當鬼，另一人用手指在背部寫上數字或文字。

Tip 若是還不識字的小朋友，可以畫圖案或數字。

② 如果鬼猜對了，就換人當鬼。

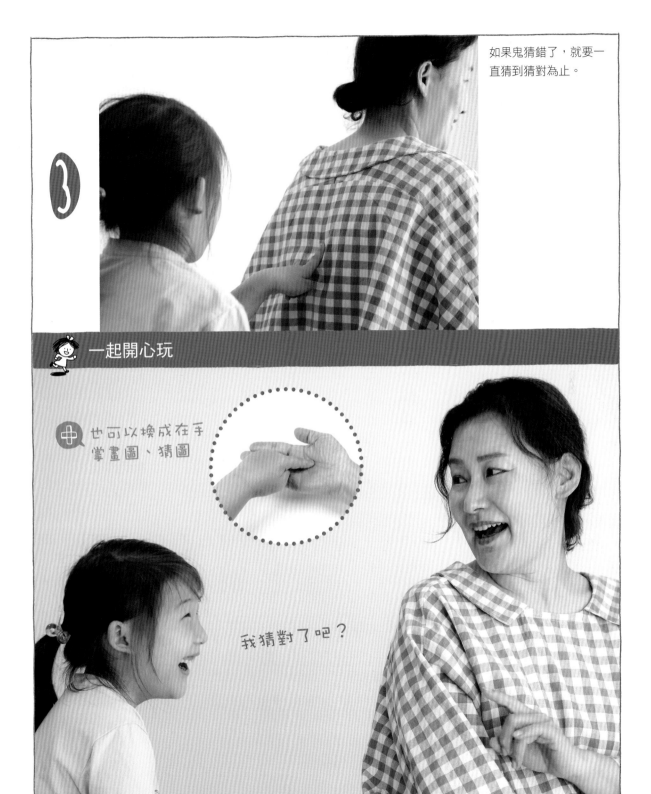

如果鬼猜錯了，就要一直猜到猜對為止。

③

一起開心玩

也可以換成在手掌畫圖、猜圖

我猜對了吧？

互動學習遊戲

狐狸鬼抓人

兒童心理學專家建議

透過唱歌與行動的團體遊戲，在遊戲中讓孩子體驗和他人互動的快樂，並提高社會適應力。再者，和大家一起注意同一事物、唱同一首歌、一起逃跑等，孩子能感受到團體中的歸屬感。不過要注意，在團體遊戲中，如果一直讓同一位擔任「鬼」的角色，可能會和其他遊戲的同伴產生疏離感，所以建議不要以「被抓到的人就要當鬼」，而是以「輪流當鬼」為佳。

以剪刀石頭布或輪流的方式決定誰當狐狸。
當狐狸的人面向牆壁站著後，其他人則站在另一側的出發點。

跟狐狸一同唱歌，並逐漸向前跨步。

（大家一起唱）
越過第一個山丘，哎呀！
我的腳啊，
越過第二個山丘，唉呀！
我的膝蓋啊，
越過第三個山丘，唉呀！
我的腰啊。

③

（大家一起唱）狐狸啊！狐狸啊！你在做什麼？

（狐狸唱）我在吃飯～

（大家一起唱）有什麼菜？

（狐狸唱）有青蛙～

（大家一起唱）死了嗎？活著嗎？

（狐狸唱）死了～

（大家一起唱）死了嗎？活著嗎？

（狐狸唱）活著！

當狐狸説出「活著！」時，就要出動抓人，其他人就要避開狐狸趕快逃跑。

 一起開心玩

✛ 也可以玩「狐狸啊狐狸！現在幾點呢？」

（大家一起唱）狐狸啊狐狸！現在幾點呢？

（狐狸）一點（手指比1）！

當1出現時，就可向狐狸前進一步。

（大家一起唱）狐狸啊狐狸！現在幾點呢？

（狐狸）三點（手指比3）！

當3出現時，就可向狐狸前進三步，以此類推，用同樣的方式逐步靠近狐狸。

（大家一起唱）狐狸啊狐狸！現在幾點呢？

（狐狸）現在是要抓你來吃的時間！

狐狸開始追逐四散逃跑的人！

誰會被狐狸吃掉呢？

平衡感跳房子

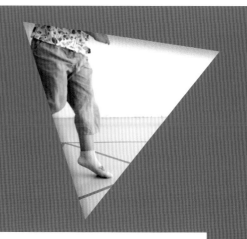

兒童心理學專家建議

當孩子可以逐漸掌控自己的身體來移動時，也會產生自信。跳房子是一個可在一定範圍內靠著「兩腳同時移動或單腳站立」等方式來促進身體平衡感的遊戲，同時可以增進視覺與知覺的協調。若孩子還年幼，只能在起頭時踩到線的話，就可以將遊戲初步目標改為學習各種動作，進階目標則是利用單腳站立來掌握平衡感，最高階的目標則是能抓住沙包，以符合孩子的程度來進行遊戲。

彩色粗膠帶、沙包

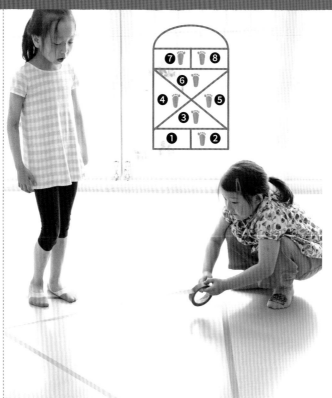

1. 畫出如圖示的跳房子格子。
   在屋外可以利用粉筆、在家中可以利用彩色粗膠帶貼出格子。

2. 首先如圖所示，丟擲沙包到其中一格，接著避開有沙包的那一格，從❶開始，依據順序用單腳→雙腳→單腳輪流跳的方式，直到到達❽後再度回頭。
   回頭時，路上沙包若在前面一格裡，必須先撿拾沙包後再跳。

-❶與❷、❹與❺、❼與❽要用兩腳同踩，❸與❻則是單腳前行。

-當❶與❷、❹與❺、❼與❽中若有沙包，就必須在其隔壁的格子墊腳撿拾沙包。

-從❼與❽折返時，必須依循去程的格子路線回頭跳。

② 撿拾沙包到❽為止，接著將沙包往後丟，沙包掉落的格子就成為這一輪遊戲者的地盤，其他人就不能跳進該格子。

★違背遊戲規則的狀況
-違反從❶到❽的順序時（有沙包那一格除外）
-跳著跳著可能會跳錯路線、或是踩到有沙包的格子時

③

一起開心玩

耶！那是我的地盤！

Tip 跳房子遊戲的規則各地會有略微不同，事先決定好規則才能避免衝突。

互動學習遊戲

彈石頭！佔地為王

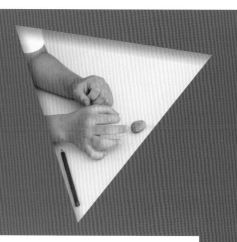

兒童心理學專家建議
這是一項讓孩子能夠學習預先計畫並逐步執行計畫的遊戲。孩子透過掌握彈出的石頭所圈住的範圍來佔地，而在遊戲中，當朋友率先佔有自己計畫中的地盤時，該怎麼反應呢？這時則能夠培養孩子解決問題的能力。不過由於幼兒的小肌肉調節尚未成熟，可能還無法完成丟或彈石頭到指定位置的任務，若可以跟稍微年長一些的友伴以分組的方式進行，在互動遊戲中獲勝的話，也會獲得珍貴的體驗。

全開紙、紙膠帶、小石頭、色鉛筆

1

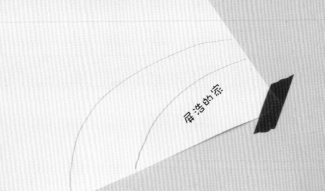

展浩的家

在地板鋪一張全開大小的紙，並用紙膠帶固定。
每一個玩家各自選定其中一個角落當作自己的家，並標示出來。

 全開紙也可以用報紙替代。

2

以剪刀石頭布決定順序後，在自己的家放上一顆小石頭，再用手指彈自己的石頭。

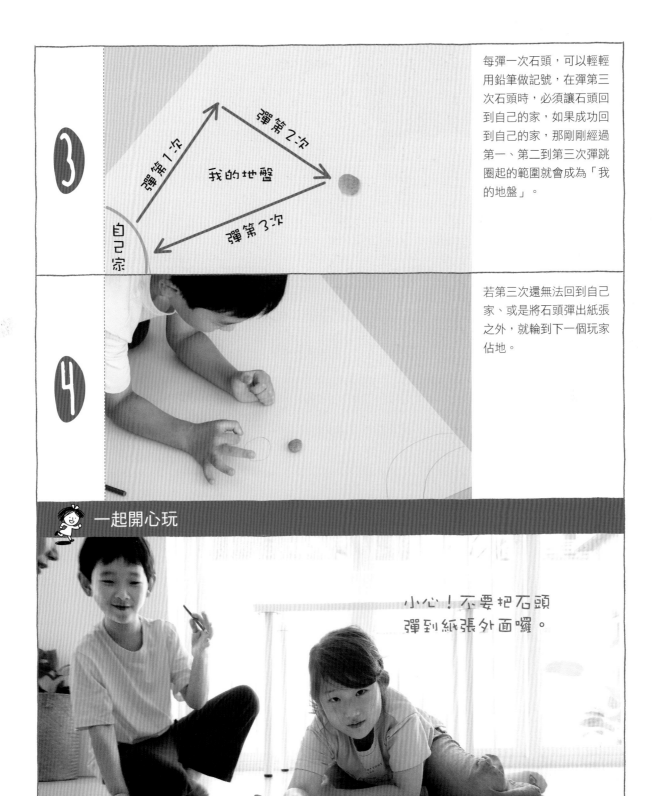

3

彈第1次
彈第2次
我的地盤
彈第3次
自己家

每彈一次石頭，可以輕輕用鉛筆做記號，在彈第三次石頭時，必須讓石頭回到自己的家，如果成功回到自己的家，那剛剛經過第一、第二到第三次彈跳圈起的範圍就會成為「我的地盤」。

4

若第三次還無法回到自己家、或是將石頭彈出紙張之外，就輪到下一個玩家佔地。

一起開心玩

小心！不要把石頭彈到紙張外面囉。

互動學習遊戲

這裡是誰的地盤

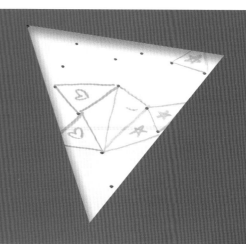

兒童心理學專家建議

只要一張紙跟一支筆就可讓孩子集中注意力，是一個在等待看診或用餐時能立刻安撫孩子的遊戲，試著透過這個遊戲，給予不擅長等待的孩子一個機會吧！如果孩子尚年幼，也可以透過這一遊戲過程，告訴孩子該如何畫出三個點和三條線，大人也可以從旁協助孩子畫線。

素描本、簽字筆或色鉛筆

在紙上用筆隨意於適當距離處畫幾個點。

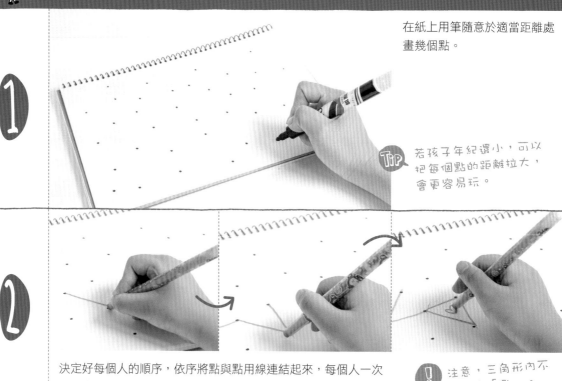

①

TIP 若孩子年紀還小，可以把每個點的距離拉大，會更容易玩。

② 決定好每個人的順序，依序將點與點用線連結起來，每個人一次只能畫一條線，若完成一個三角形，該範圍就是自己的地盤。

! 注意，三角形內不可以有「點」。

每人依序各畫一條線，讓
自己的地盤逐漸增加。

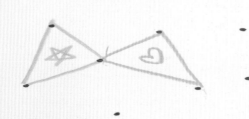

 可以用星星或是愛心
的圖案，標示自己的
地盤。

如果已經沒有可以連結的
點時，就可以數數看誰的
地盤最多。

TiP 若孩子還不太會畫出
三角形的話，也可以
稍微提示、或是告知
如何畫出三角形。

一起開心玩

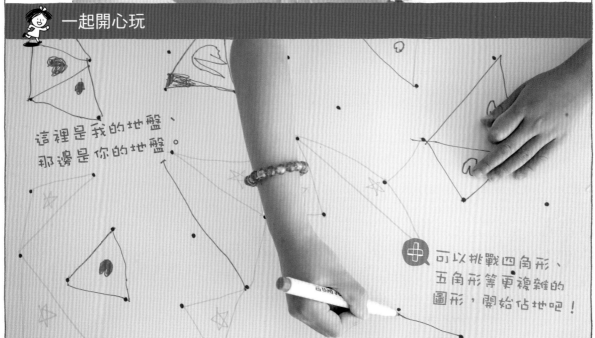

這裡是我的地盤、
那邊是你的地盤。

可以挑戰四角形、
五角形等更複雜的
圖形，開始佔地吧！

互動學習遊戲

塑膠片畫臉遊戲

兒童心理學專家建議

這是一個培養觀察力和專注力的遊戲。當孩子專注在透明膠片上描繪朋友的臉時，就是在學習關注他人，有助於孩子未來適應團體。若孩子還沒辦法一次畫出臉部輪廓，可以改為讓孩子們輪流畫出彼此的眼睛、鼻子、嘴巴這樣的方式。如果是自尊心較高的孩子，可能會對於自己被畫得很奇怪的臉蛋感到不開心，請家長在遊戲開始前告知這是一個互相觀察對方，被對方畫出的臉不等於自己。

透明塑膠片、簽字筆

準備一張透明塑膠片。

1

Tip 如果沒有透明膠片，也可以將透明檔案夾裁切後來玩。

2

先將膠片放在朋友的臉上，並在膠片上描繪出朋友的臉。

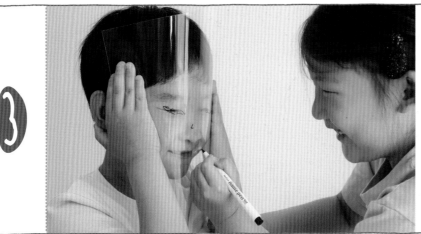

接下來角色對調，換朋友將膠片放在自己臉上，並描繪出自己的臉。

畫好各自的臉部輪廓後，就可以取下膠片，讓孩子接續完成剩餘的部分。

一起開心玩

我的臉長這樣？

誰畫得更像呢？

Tip 重點不是畫得漂亮、或是畫得像，所以就算畫得不好也不需要失望。

互動學習遊戲

畫畫接龍

兒童心理學專家建議

這是個讓孩子和朋友們共同完成一張畫的遊戲，孩子會學習從部分線條去推測對方畫的是什麼，可以提升孩子換位思考的能力，也能學習接受他人與自己的想法不同。若是個性較自我中心的孩子，可以不先決定要畫什麼，而是看著朋友的畫進行推論，是很有趣的合作遊戲。

紙、色鉛筆

①

將紙張摺成四等分後攤開，第一個人先在最上面一格畫出人物的頭，此時另一人閉上眼睛。

②

第一格畫好後，將畫好的部分往後摺起（可以不必完全摺起），接著交給另一人畫出上衣和雙手的部分。

為了讓接續作畫的人更容易畫畫，可以稍微露出前一格的部分畫作。

第三格再交由另一個人往下畫出褲子或裙子的部分。

第四格畫腿和鞋子。最後，攤開紙張，來看看大家一起完成的畫吧！

Tip 可以先決定每一格要畫什麼，例如第一格頭、第二格腰、第三格到膝蓋以上、第四格畫腳。

一起開心玩

究竟會畫出什麼呢？

也可以嘗試畫長頸鹿、花、樹木等各種可以劃分成四等分的長形物體。

互動學習遊戲

看誰翻到最多動物！

兒童心理學專家建議

有些孩子特別喜歡明確與可預測的事物，不容易接受新事物，這個遊戲僅需要找出一本繪本，並且接著在書中尋找符合條件的人或物，由於並不知道會翻到繪本的哪一頁，恰好可以讓這樣的孩子練習保留彈性，並且學習享受挑戰。玩遊戲時，能讓孩子自己選出繪本為佳，也因為遊戲過程充滿許多不確定的情況，即使和他人比賽輸了，因為責任歸屬並不明確，也比較不容易讓孩子有挫折感。

 繪本

①

媽媽跟孩子各自在書架上選出一本繪本。

> **TIP**
> 由於要比賽計算數量，所以選擇的繪本圖片內容越複雜越好。

②

接著決定要計數的動物或物品（例如比較哪一個人打開的頁面的「貓咪」比較多），再翻開各自選擇的繪本，翻開哪一頁都可以。

從翻開的那一頁計算誰的數量比較多。

可以制定輸的人要被彈額頭、或在臉上塗鴨等簡單的罰則也很有趣。

一起開心玩

也可以再隨機翻開一頁、
或是交換彼此的繪本繼續玩

➕ 還可以針對翻開的那一頁內容，一起模仿人物的行為、或是創作其他故事等。

互動學習遊戲

書店員的找書遊戲

兒童心理學專家建議

雖是個簡單的遊戲，但是對於孩子來說可以透過挑戰獲得成就感與快感。這個遊戲讓孩子記下並找尋文字，自然而然地增進記憶力，延長一項資訊留存於腦海中的時間。當父母與孩子一起玩這個遊戲時，或許不會成為競爭類的遊戲，但若跟朋友一起玩的話，就容易形成誰先找到的競爭關係，因此許多人一起玩的時候，可以分組玩，才不會讓孩子獨自受到太大的挫折。

書櫃與書

①

媽媽選定一個「詞彙」後，告知孩子該詞彙，讓孩子在書櫃找尋有這一詞彙的書名。

Tip 剛開始可以找尋像是「小狗」、「公主」等較簡單的詞彙為佳。

②

找到後，在書上貼上便利貼或貼紙作為標示。

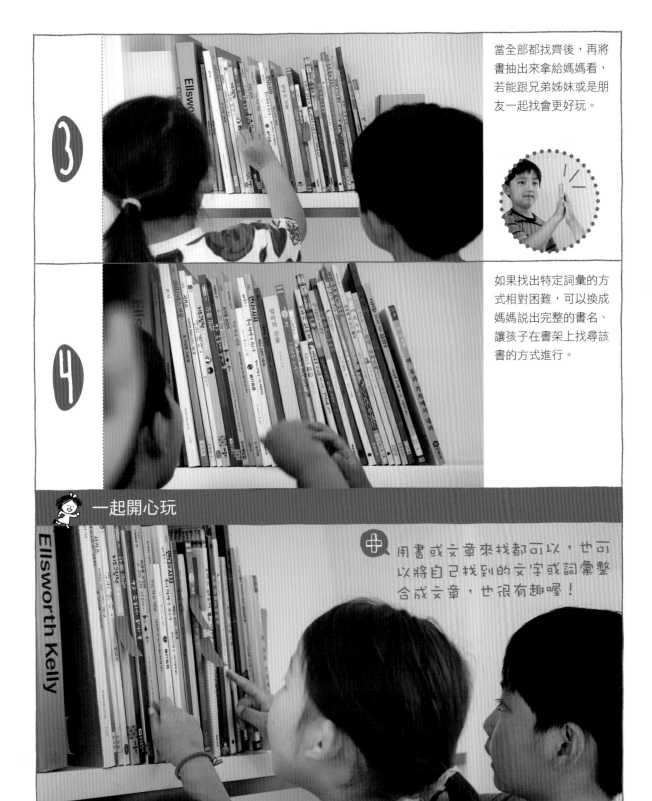

③ 當全部都找齊後，再將書抽出來拿給媽媽看，若能跟兄弟姊妹或是朋友一起找會更好玩。

④ 如果找出特定詞彙的方式相對困難，可以換成媽媽説出完整的書名、讓孩子在書架上找尋該書的方式進行。

一起開心玩

用書或文章來找都可以，也可以將自己找到的文字或詞彙整合成文章，也很有趣喔！

互動學習遊戲

你一個字、我一個字

兒童心理學專家建議

將一個詞彙的三個字（或其他奇數）接續説出口的遊戲看似很簡單，但卻需要集中注意力，專注於三個部分——想著該詞彙、聽朋友説出口、自己準備説出口的字。在這個遊戲過程中，能夠促進孩子快速思考、集中聆聽、快速反應的能力。若孩子還小，難以依序説出時，可以微調遊戲規則，改為在説出該詞彙的第一個字時，以拍手或敲擊等具有旋律的方式玩。

①

兩人相視坐下，想想可以選出的詞彙。

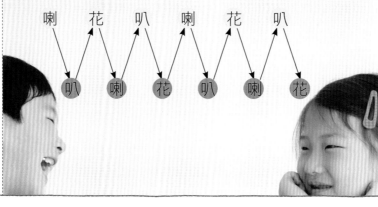

②

喇　花　叭　喇　花　叭
叭　喇　花　叭　喇　花

例如選出「喇叭花」一詞，接著兩個人輪流説出「喇」、「叭」、「花」。
因為兩個人輪流説出「喇」、「叭」、「花」，每個人每一次説出口的字彙不容易馬上重覆。

３

彼此逐漸加快速度、加大聲量，就一定會有人出錯。

４

另外像是「我愛你」、「Do Re Mi」、「警察局」、「蝦味先」等，都是可以嘗試的三個字詞彙。

 一起開心玩

喇～叭～花～喇～叭～花～
喇～叭～花～喇～叭～
花～喇～叭～花～喇～叭～
花～喇～叭～花～叭～

喔！你說錯了！

互動學習遊戲

這個字要大聲說！

兒童心理學專家建議

這是一個可以提升孩子記憶力的遊戲，不只要記住朋友唸了哪個字，還要留意加大音量的節奏，由於這個遊戲規則是一出錯就要從頭開始，一方面也可以讓孩子試著接受出錯、享受挑戰的感覺，家長可以從旁輔助孩子，遊戲的過程會比表面的輸贏更有意義。

①

兩人相視坐下，選定一詞彙後，從第一個字到最後一個字，依序加大音量並說出口。

②

例如選定「小提琴」三個字，依序分別在「小」、「提」、「琴」加大音量。

小提琴　小提琴　小提琴

加快速度，就會更有趣。

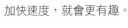

Tip 可以調整詞彙的字數、速度與發音難易度，直到孩子熟悉為止。

當說出要加大音量的那個字時，可以邊跳起來、邊說出口來增加難度。

 一起開心玩

烤地瓜

烤地瓜

烤地瓜

編一條溫暖的圍巾

只要利用一個紙杯，搭配冰棒棍，就能做出簡單又好用的編毛線工具。選擇喜歡的毛線顏色，和孩子一起編出厚實又溫暖的圍巾吧。

掃描看影片

紙杯	冰棒棍	透明膠帶	美工刀	毛線

1cm

Tip 刀片危險，需大人協助

在紙杯外圈以等間隔黏上冰棒棍。冰棒棍可以先塗上喜歡的顏色。

用美工刀將紙杯底部裁掉。

將毛線穿過紙杯，延伸至杯底之下。

 Tip 在杯子下緣劃一刀，嵌入毛線固定，以避免滑脫。

開始編織毛線。首先將毛線依序纏繞冰棒棍一圈。

纏繞一圈後，再繼續纏下一圈。

現在每個冰棒棍上有兩圈線了。

將兩個圈圈中位於下方的圈圈拉往上，套在冰棒棍上。

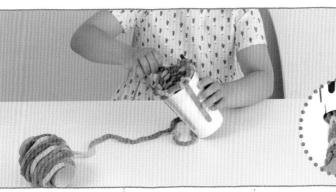

3 將每一個冰棒棍位於下方的圈圈通通往上套後，再次將毛線纏繞每個冰棒棍兩圈，接著再將下方的圈圈往上套，反覆同樣動作，直到編織到需要的長度為止。

4 收尾

★毛線快用完時，從第一支冰棒棍開始，依序將圈圈套到隔壁的冰棒棍上。

冰棒棍上有兩個圈圈時先將下方圈圈往上套，另一個圈圈套到下一個冰棒棍上。

持續套圈圈到只剩下一根冰棒棍上有毛線圈圈。

把多餘的線剪斷，再將線穿過最後一個圈圈後，於線的尾端打一個結即完成。

做出屬於我的作品

毛線球的製作方法

軟綿綿的圍巾完成了！

①準備一個硬紙板，紙板的長度等同需要的毛線球直徑，接著在紙板中間剪出一個如圖示的空隙。

②用毛線纏繞硬紙板，纏繞越多線，做出來的毛線球越紮實漂亮。

③毛線球纏繞完成後，拿出另一條線從中將整束毛線綁緊。

④將毛線球從硬紙板拿出，用剪刀將兩側毛線從中剪開。

⑤用剪刀將毛線修圓，利用原本綁在毛線球中間的線，綁在方才做好的圍巾一端。

手眼協調遊戲

嘶～
毛線編織蛇

利用雙手套線，就能做出一個長條如小蛇般的編織玩偶，乍看之下好像很複雜，但其實只需要重複一個簡單的動作，比想像中容易許多，而且利用同一個方式也能編織出手鍊與項鍊喔！

掃描看影片

毛線　　　鈕扣或小珠子

 **1**

先將毛線拉出10公分左右的線段，夾在一隻手的拇指與手掌之間。

TiP 可以使用較粗且顏色亮眼繽紛的毛線。

 2

接著將手中毛線依序套在食指跟中指之間，繞成一個八字形。

再一次將線纏繞成第二個八字形（如綠線標示處）。

將兩隻手指下方的圈圈都拉起、繞過上方的圈圈並繞到中指後。

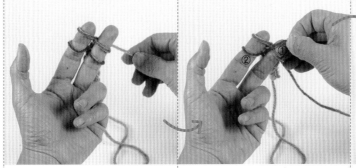

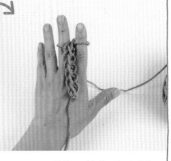

| 再一次在手指上繞出八字形。 | 同樣將下方的圈圈繞過上方的圈圈，並繞到中指後。 | 反覆同一動作，就能看到手背上已經繞出一條編織帶。 |

把手指抽離後，會出現一個圈圈。

| 編織到想要的長度後，將左邊的圈圈套到右邊的圈圈上。 | 接著將下方圈圈（紅線）繞過上方圈圈，並繞到中指後。 | 最後保留約8公分長度毛線，並將線穿過圈圈後打結。 |

做出屬於我的作品

完成了！我的小蛇朋友！

把線兩側打好結，就完成一條手鍊或項鍊了。

可以在線的尾端放上鈕扣或珠子，當成蛇的眼睛，如果繼續時使用兩條線的話，蛇的身體就會更堅實。

手眼協調遊戲

舊T恤變新包包

讓孩子選擇自己喜歡、但可能因為太小而準備淘汰的衣服,製作出一個包包。活用舊衣做出新衣服或是新包包,讓孩子直接參與資源再利用的寶貴經驗。

T-shirt	剪刀	鬆緊帶	安全別針

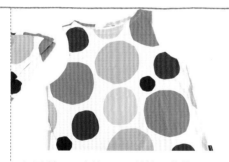

1 如圖所示,先將T-shirt的袖子剪掉。

2 將T-shirt翻面,在下端剪出一個可以放入鬆緊帶的小洞。

3 鬆緊帶的一端用安全別針固定,接著穿過下端的洞口後繞一圈。

TiP 單憑孩子的力量不容易拉緊帶子，請協助孩子。

4

將鬆緊帶的兩端拉緊後綁起，不要讓洞露出，接著再綁一圈，就能紮實的將衣服綁起，完成包包的底部。

5

再次翻面，有可愛圖樣的包包就完成了！

做出屬於我的作品

包包裡要裝些什麼呢？

✚ 也可以在包包上縫上鈕扣或小玩偶作為裝飾喔！

用衣服自己做髮圈

將穿不下的衣服適當剪裁後，就能做出髮圈。將碎布剪成條狀，作為綁在髮圈上的裝飾，製作過程不僅能促進手部小肌肉的發展，同樣也能獲得舊物回收再利用的美好經驗。

不再穿的衣服　　剪刀　　無裝飾髮圈

將不再穿的衣服剪成細條狀的布條後，再將其剪成可以綁在髮圈上的大小和長度。

將剪好的布條綁在髮圈上，可以利用不同衣服、顏色的布條來增加變化，或是利用毛線來裝飾。

將綁好的布條往髮圈的同一側集中並整理好。

繼續用布條將髮圈一層層打結,直到看不見髮圈的基底就完成了!

 做出屬於我的作品

用我專屬的髮圈綁頭髮!

在髮圈上添加珠珠跟其他裝飾也不錯!

水果摺紙

摺紙是一兼具開發智力、發展小肌肉、提升專注力等多種效果的活動，而摺紙最大的魅力就是，只要一張紙就能做出一個新物件！先來試試用色紙摺出各種水果吧！

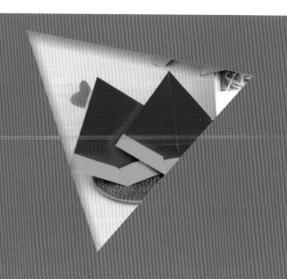

雙面色紙

- - - - - - - 往內摺的線

- - - - - - - 往外摺的線

――――― 需剪開的線

 橘子

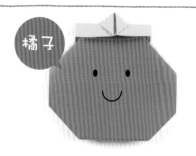

①色紙對半剪開，接著對摺出標示線後打開。

②將上側兩端往下摺至標示線。

③再將尖端往下三分之一摺出摺線。

④翻面，依據圖示的標示線往下斜摺。

⑤將後方的三角形向上翻摺。

⑥右側也依照左側的方式摺三角形。

⑦將中間重疊的部分翻開。

⑧推摺翻開的部分，形成菱形狀。

⑨以菱形的中線為基準，往後摺。

★三角形就會出現，如下方圖示。

⑩將色紙下半部往上對摺。

⑪將兩側的角往內摺成稜角。

⑫翻面就完成了！

西瓜

①將色紙上下左右對半摺兩次後攤開。

②下半分三等份，從三分之一處往上摺。

③兩側摺成稜角。

④依照橫向標示線，將兩側往內摺。

⑤依照豎向標示線，從上端往後摺。

⑥摺好後畫上西瓜籽，完成！

香蕉

①將色紙如圖對角摺半後攤開。

②依據中間摺線將兩側往內摺。

③如圖再一次從兩側往中間的摺線摺。

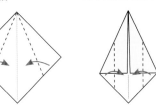

④將上方摺角摺出一階梯狀。

⑤下方尖尖的尾端往上摺。

⑥如圖，下方左右沿標示線往內摺。

⑦整體以中心為基準點對摺。

⑧這樣就完成一根香蕉！

⑨做出幾根香蕉後疊放，就是香蕉串。

這裡有好多好吃的水果！

昆蟲摺紙

這一回我們要用摺紙摺出蝴蝶、鍬形蟲、蟬等昆蟲,摺出昆蟲
後,可以再摺摺看樹木、花、草叢等昆蟲生活的空間。

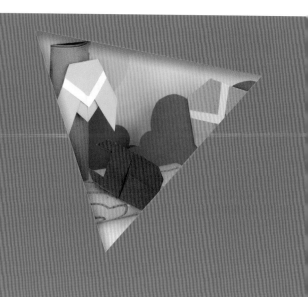

色紙　剪刀

- - - - - - - - - 　往內摺的線
· · · · · · · · · · 　往外摺的線
─────── 　需剪開的線

蝴蝶

①橫向與對角摺起後攤開,作成標示線

②→左右兩側往內凹摺,做出三角形

③兩側各自再對半往上摺

★如下圖

④兩側再次攤開後,作成標示線

⑤從中間對摺後,將下方剪成稜角狀

⑥再次攤開

⑦兩側再次對半往上摺

⑧將紙張翻面後,將上端往下摺

⑨接著一側往下拉,對半摺

⑩將摺起的稜角處往後摺

★上下顛倒、翻面,就成為圖示的模樣

⑪立體蝴蝶完成!

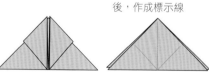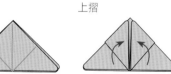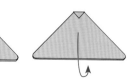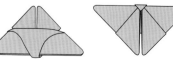

鍬形蟲

①將色紙如圖橫向、豎向對摺，作出標示線，再將左、右兩側對摺。

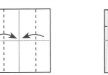

②依據橫向標示線如圖往下對摺

③接著如圖往對角線摺起後打開，作出標示線

④將摺起處翻開，將有★的部分往外攤開

⑤兩側的三角形往上摺成稜角

⑥下方往後側上摺

⑦兩側如圖往內摺

⑧下方各摺出稜角後，翻面

⑨鍬形蟲完成！

蟬

①以對角線對摺兩次後，攤開作出標示線

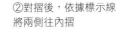

②對摺後，依據標示線將兩側往內摺

③兩側打斜往下摺

④僅將前面這一側往下摺

⑤再將後面這一側往同一方向下摺

⑥如圖兩側往後摺

⑦蟬完成了！

歡迎來到昆蟲森林！

手眼協調遊戲

可愛的連環剪紙

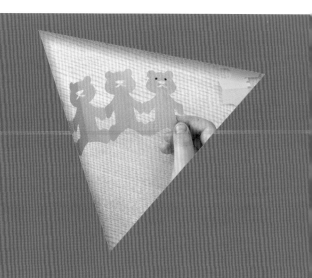

把色紙摺出手風琴般的模樣，利用多次對摺，剪出重複而有趣的圖案。一開始可從簡單的圖形開始練習，當熟悉要領後，就可以摺出、剪出各種不同的動物、建築物與樹木。

色紙	剪刀	- - - - - - - 往內摺的線 ‥‥‥‥‥ 往外摺的線 ———— 需剪開的線

①將色紙對半剪下後使用。

②將色紙連續三次對半摺，作成標示線。

③攤開後依照下圖標示摺成屏風狀。

④在紙張右側畫上喜歡的圖後剪下。

兔子

 用筆畫出眼睛跟鬍鬚。

豎起耳朵的兔兔排成一排～

蝙蝠

一群蝙蝠飛過來了

對摺處

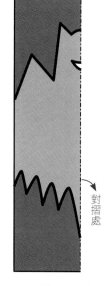

對摺處

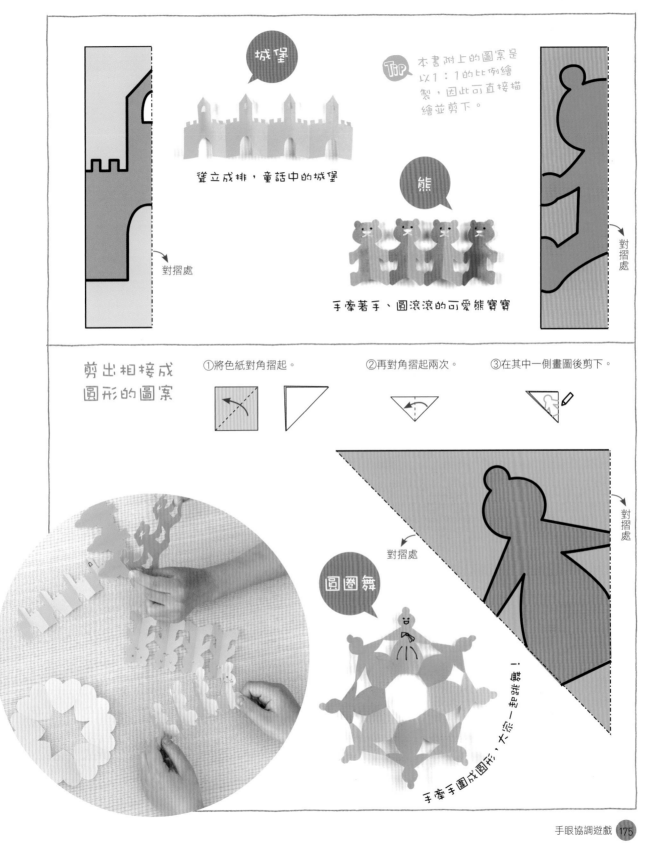

城堡

本書附上的圖案是以1：1的比例繪製，因此可直接描繪並剪下。

聳立成排，童話中的城堡

熊

手牽著手、圓滾滾的可愛熊寶寶

對摺處

剪出相接成圓形的圖案

①將色紙對角摺起。

②再對角摺起兩次。

③在其中一側畫圖後剪下。

對摺處

對摺處

圓圈舞

手牽手圍成圓形，大家一起跳舞！

猜猜這是誰的影子

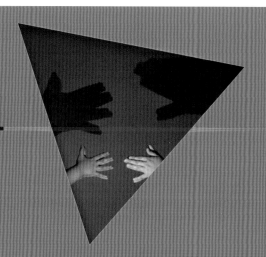

玩手影遊戲，就是用手勢比出各種模樣，透過光線照射產生影子，透過手指屈伸、展開手掌與移動的過程中，讓孩子可以學習觀察與調整，是訓練手部小肌肉活動的大好機會。

手電筒

Tip 若孩子難以跟著手影移動，也可以利用全身試著做出蝴蝶、樹木等影子。

野狗

貓

鸚鵡

馴鹿

鬥牛犬

鱷魚

兔子

飛翔的鳥

手眼協調遊戲

神奇的手銬魔術

前面使用到毛線的遊戲都玩過了嗎？這裡還有一種！用毛線纏住對方，再瞬間解開，神奇的手銬魔術遊戲，非常簡單，卻能讓一起玩的朋友印象深刻喔。孩子可以先跟媽媽練習玩，熟練後再給朋友一個驚喜吧！

掃描看影片

毛線

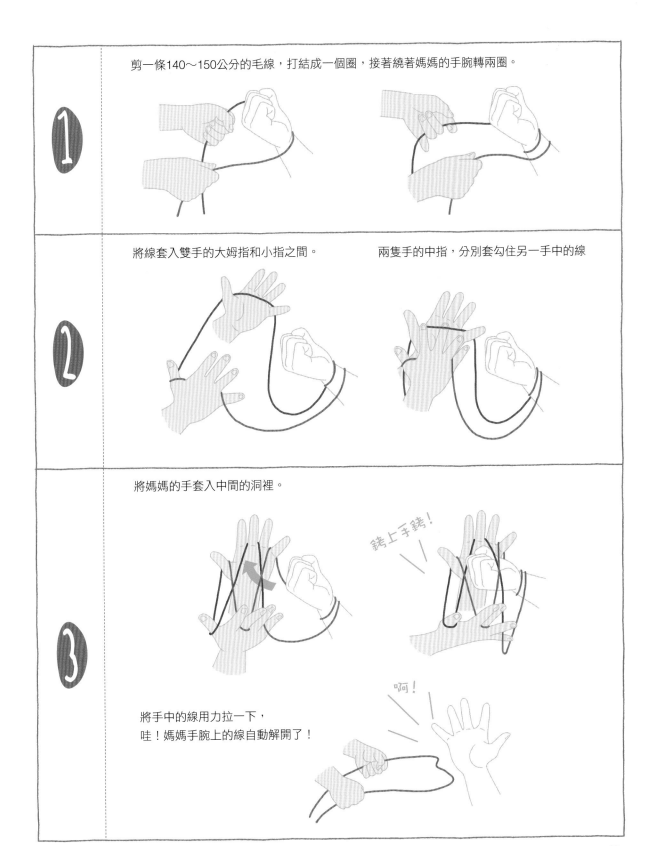

剪一條140～150公分的毛線，打結成一個圈，接著繞著媽媽的手腕轉兩圈。

將線套入雙手的大姆指和小指之間。

兩隻手的中指，分別套勾住另一手中的線

將媽媽的手套入中間的洞裡。

銬上手銬！

將手中的線用力拉一下，
哇！媽媽手腕上的線自動解開了！

啊！

手眼協調遊戲

毛線翻花繩遊戲

這是個透過手眼協調來訓練孩子的小肌肉的遊戲。思考如何移動線，並在眼睛看著的同時利用手指拉著線。這個遊戲的步驟較多，可參考QRCode的影片進行。

掃描看影片

毛線（打結成一個圈）

要撐開拉緊！

★以下依序為翅膀→棋盤→筷子→織布的翻花繩遊戲。

翅膀

① 兩手將線撐開。

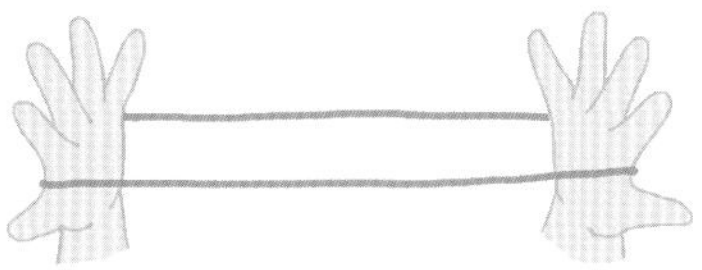

② 一手將線如圖示纏繞四根手指頭一圈，另一手也一樣。

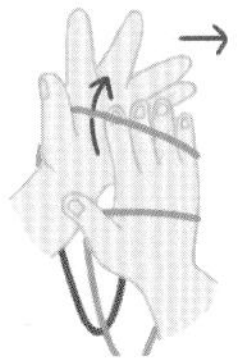

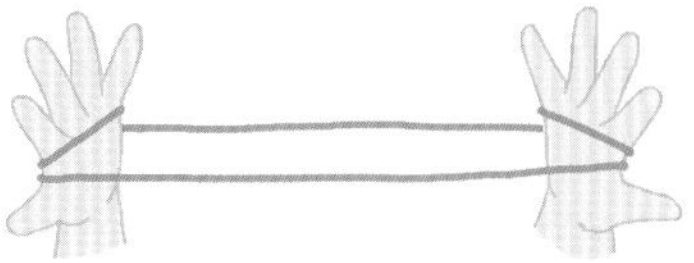

③ 一隻手的中指將位於另一手中的線套拉過來。

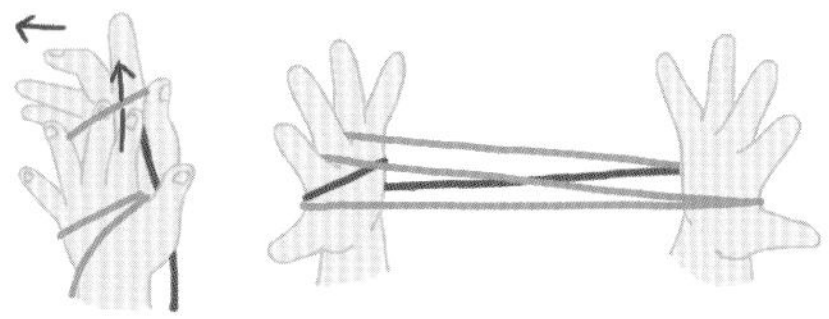

④ 以同樣方式，將位於另一手中的線套拉過來。

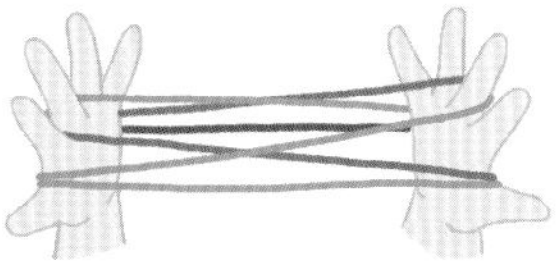

棋盤

⑤ 用拇指與食指將翅膀兩側呈現X狀的交叉線抓住。

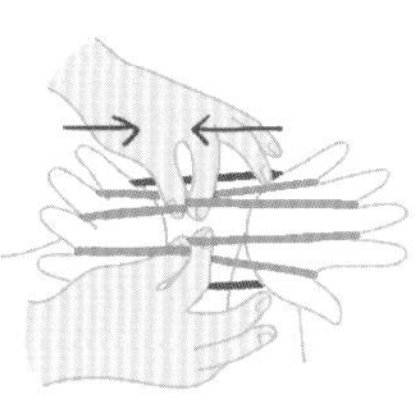

⑥ 拉住X狀的線往外拉緊。

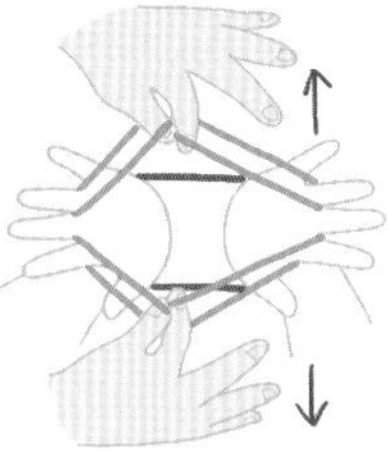

⑦ 往下勾起兩側的線後，往上翻起。

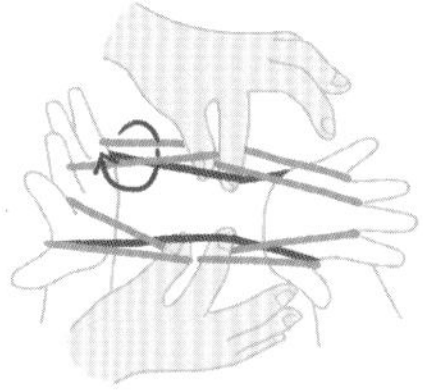

⑧ 雙手往兩側一拉，原本抓住線的人放開雙手，線就到了另外一個人的手上。

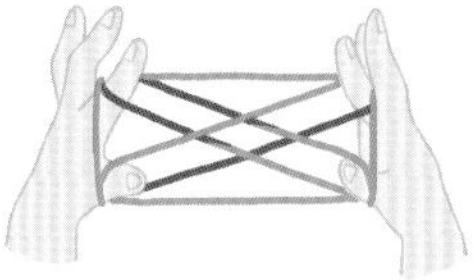

筷子

⑨ 接著再用拇指與食指將交叉的X狀抓起。

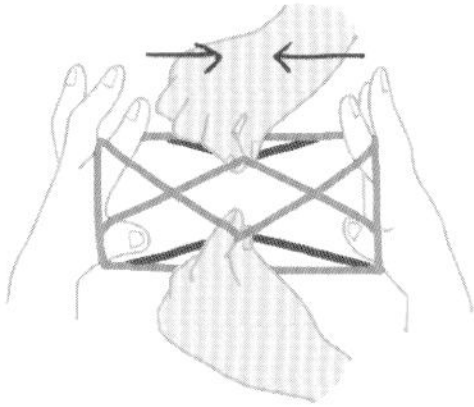

⑩ 拉住X狀的線往外拉緊，同樣往下勾起兩側的線後，往上翻起。

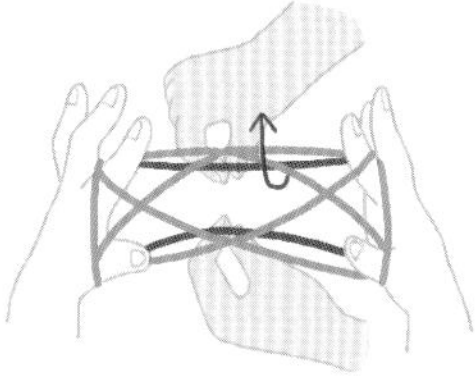

⑪ 雙手往兩側一拉，原本抓住線的人就可以放開雙手，線又到了另一人手上。

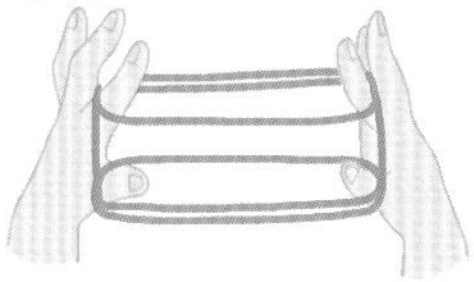

織布

⑫ 用右手小指將中間兩條線中靠近左側的那一條線勾拉起來。

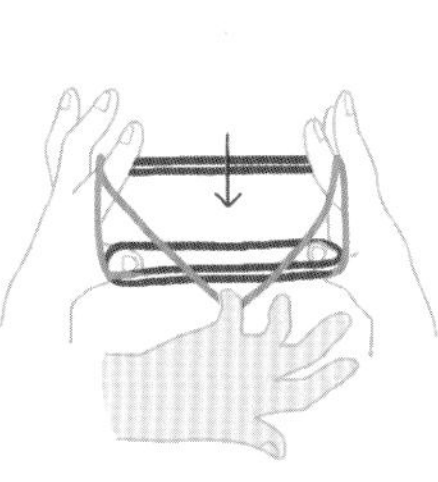

⑬ 左手小指勾起右側那一條線。

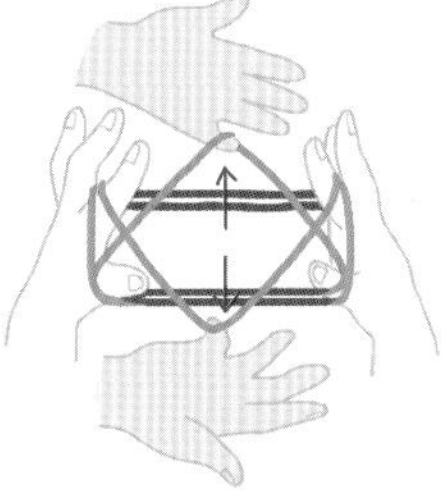

⑭ 兩側小指勾住線，再用拇指與食指將外側的線勾住往上翻起。

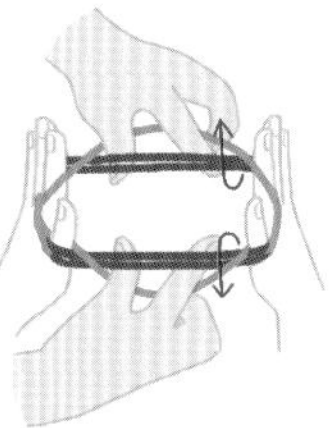

⑮ 將兩手的拇指與食指攤開，原本抓住線的人就可以放開雙手。

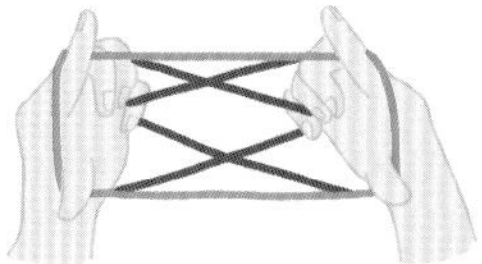

角色扮演遊戲

英雄登場！

兒童心理學專家建議

英雄遊戲很容易演變為打架遊戲，因為我們的刻板印象總是「有英雄，就有壞人」。其實英雄遊戲的核心是讓孩子藉由透過英雄這一形象，確認自己的存在價值。重點在於孩子認為哪一種人是英雄，所以，相較於打倒壞人的英雄，「我想成為什麼樣的英雄」才是這個遊戲的起始點。若還是要在遊戲中安排壞人的角色，大人請務必和孩子一同商量要以什麼樣的劇本來進行，必須先和孩子溝通與討論再開始遊戲。

捲筒衛生紙芯、色紙、剪刀、打洞機、膠水、橡皮筋1~2條

首先要做出一個手環。用剪刀將捲筒衛生紙芯剪開，依據孩子手腕的寬度，剪出寬約1～2公分左右的縫隙。

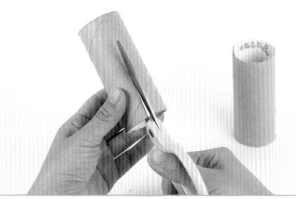

裝飾手環的外層，用色紙黏貼起來。

為避免受傷，將手環邊角修剪成圓弧狀。

孩子可以用喜歡的超能力圖案裝飾手環。

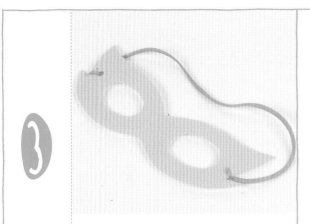

3 為英雄做一個面具，兩側用打洞機各打出一個洞，再用大橡皮筋串起來。

4 面具跟手環都做好之後，就是變身英雄的時刻！也不要忘記製作披風喔！

一起開心玩

Tip 可以改造家中的布或是桌巾等作為披風，成為更帥氣的英雄！

鏘鏘～變身英雄！

可以做出各種面具與手環，與朋友一起玩！

我是偉大的海盜

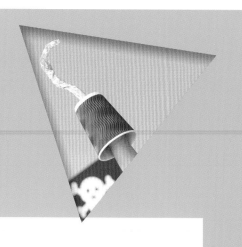

兒童心理學專家建議

在大海上尋找寶物的海盜,是具有強烈的冒險性格的角色,海盜遊戲可以讓孩子學習擊退恐懼,並增加創意力。不過,必須事先和孩子討論三個部分:一是海盜遊戲中各個角色的特徵,增加多元性。二是注意不要設定海盜必須以打架贏得比賽,或是必須偷竊寶物等負面的角色設定規則。三是討論用刀時的力道,避免孩子在遊戲中受傷。為了培養孩子正確的價值觀,以及能盡情享受遊戲的趣味,確立規則是最為重要的。

紙盒、鋁箔、紙膠帶、黑色美術紙(四開)2張、白紙、剪刀、膠水、雙面膠帶、紙杯、廚房紙巾芯、白膠

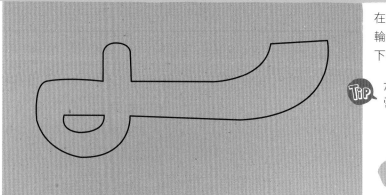

在紙盒上畫一個海盜刀的輪廓,接著用美工刀裁切下來。

TiP 刀片危險,需大人協助!

海盜刀

刀刃的部分用鋁箔紙包起,模擬金屬感。

用膠帶黏貼裝飾刀柄。

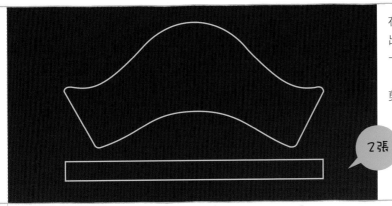

在2張黑色美術紙上都畫出海盜帽子的形狀，以及一條高度約3cm的長方形（海盜頭帶），再分別用剪刀剪下來。

2張

用白紙剪出海盜帽上的骷髏圖樣，做為裝飾。

海盜帽子

將2張長條黏貼起來，做出一個與孩子頭圍相符的圓形環。

用圓形環將剛剛做好的兩個海盜帽子作為前後兩側，黏起來。

帽子兩側的邊緣用雙面膠帶黏貼緊實，海盜帽就完成了！

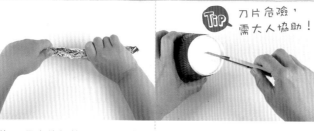 

Tip 刀片危險，需大人協助！

鉤子手

將A4長度的鋁箔紙緊緊捲成棒狀。

用美工刀在紙杯下方畫一個十字。

將剛剛的鋁箔棒從紙杯下方劃出的十字處塞入。

 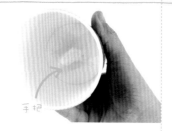 

約將鋁箔棒塞入2公分左右後，用膠帶黏貼固定。

在紙杯內側的鋁箔棒就成了手把。

杯外的鋁箔棒則捏捲成鉤子形狀。

 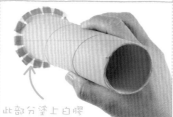 

在紙杯底部，割出一個符合廚房紙巾芯寬度大小的圓形。

如圖示將廚房紙巾芯一側用剪刀剪出如圖的多股狀後，塗上白膠。

將紙巾芯從紙杯口塞入後，將塗上白膠的部分黏在杯底。

望遠鏡

海盜的望遠鏡完成！

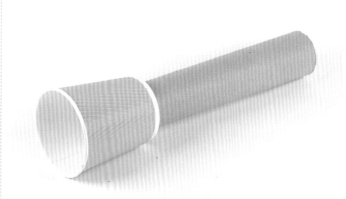 

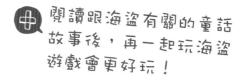 閱讀跟海盜有關的童話故事後,再一起玩海盜遊戲會更好玩!

準備出發尋找寶物了嗎?

 將金箔、銀箔包裝的巧克力當成金幣跟銀幣,這樣玩起海盜遊戲會更有感。

找到寶物了!!

我是不容小覷的海盜!

我的寶物在哪裡?

角色扮演遊戲

我是美麗的妖精仙子

兒童心理學專家建議

在童話故事中，妖精是不同於公主的特別角色，在故事中扮演著傾聽公主心聲的存在，公主會將隱藏在內心的願望和期待說給妖精聽，而妖精則會展現出能協助公主實現願望、解決困難的能力。在這裡要提醒大人的是，孩子和朋友一同玩妖精遊戲時，可能會出現競爭意識、想展現自己是最特別的而產生衝突，所以在玩妖精遊戲時，請盡量給予孩子同樣漂亮的裝飾物件，再開始遊戲。

磨砂紙（或珠光色紙）、緞帶、木筷、網紗布、寬鬆緊帶（一人使用量約一條）、針線、衣架2個、彩色絲襪

妖精魔棒

用磨砂紙（或珠光色紙）剪出兩個星星。

在木筷上綁上緞帶及網紗布等裝飾後，黏在星星的後方。

木筷另一側也黏上另一顆星星。

TiP 使用不同顏色的磨砂紙，在揮動魔棒時就會閃耀不同的顏色。

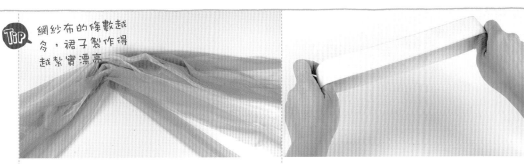

Tip 網紗布的條數越多，裙子製作得越紮實漂亮

將網紗布剪成多條，長度約為「裙長的兩倍」。

製作裙子腰部的鬆緊帶，依據孩子的腰圍剪裁需要的長度，用針線將兩端重疊3公分後縫好固定，完成一個環狀。

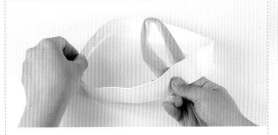

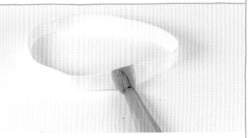

妖精裙子

將網紗布對半摺起，綁在鬆緊帶上。

儘量將打好的結放在內側會比較美觀。

將剪好的網紗布全數綁在鬆緊帶上。

Tip 網紗綁結處都放在內側，看起來就會整齊漂亮。

裙子內側的模樣

飄逸的妖精裙完成！

接下來製作妖精翅膀,將2個衣架彎折成如翅膀的形狀。

使用和剛剛使用的網紗布同一顏色的絲襪,將衣架套入。

妖精翅膀

將衣架完全套入後,前端綁緊,打結固定。依照相同方式再完成一個衣架。

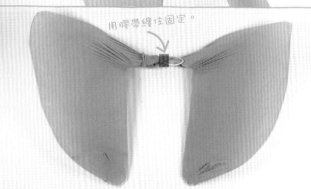

用膠帶纏住固定。

將2個衣架並排,中間用膠帶纏繞固定。

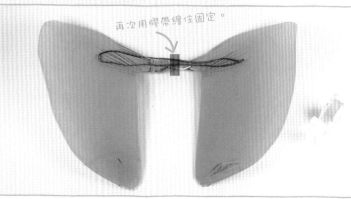

再次用膠帶纏住固定。

接著確認鬆緊帶的長度,以能將妖精翅膀套入孩子手臂兩側需要的長度來剪裁,並裁成細條狀,接著將鬆緊帶綁結,成為一環狀,再用膠帶纏繞固定在翅膀中央。

穿戴上美麗的妖精翅膀
和裙子，再拿起魔棒，
變身為守護妖精！

 「蘇哩蘇哩！變身！」
「消失吧！蹦～」、
「阿巴拉巴拉！退後！」
在使用魔棒時，唸出各種咒語，
會更好玩！

我是風的妖精！

我是花的妖精！

我是動物的妖精！

製作紙舞臺

就像自己在觀眾面前表演一般,讓孩子將自己投射在擔任的紙偶角色,這個遊戲可以讓不敢上台發表、或畏懼在人前說話的孩子逐漸克服不安。利用繪本作為既成的劇本,就能避免孩子出現不知道該說什麼的窘境,透過這個遊戲,訓練孩子鼓起勇氣上台吧。

| 紙箱 | 剪刀 | 美工刀 | 鉛筆 | 紙膠帶 | 厚紙板 | 紙偶(附於書末) |

將紙箱的一面完全裁除,另一面則保留周邊約2公分寬度後,裁成一個方框,並黏上黑色膠帶,做出舞臺感。

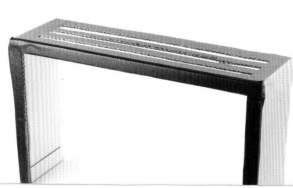

箱子上面挖出三個長條狀的洞,以便待會會放入紙偶,讓紙偶能在舞臺上順利移動。

3

用剛剛裁下的紙片做出舞臺兩側及上方的裝飾，並用紙膠帶黏貼好。

4

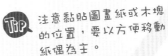

注意黏貼圖畫紙或木塊的位置，要以方便移動紙偶為主。

將書末附贈的紙偶剪下，在紙偶後方貼上厚紙板或是木筷。

5

現在參考第194~199頁的紙舞臺劇劇本，一起來演出有趣的紙偶劇！

角色扮演遊戲

紙舞臺劇：
好大的蘿蔔

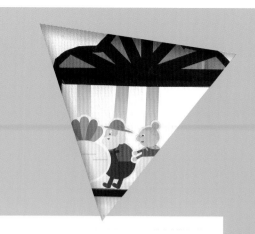

兒童心理學專家建議

這是一個可以讓「不太敢向他人請求協助」的孩子學習提出請求的有趣劇本。透過這一活動，孩子能體驗到請求他人的幫忙、結合眾人力量促成一件好事完成的美好經驗。演出之後，孩子們不只可以學習對彼此說謝謝，家中也可以招待作客的朋友們蘿蔔料理，作為遊戲的結尾，也是讓孩子學習融入團體生活、很有意義的延伸活動。

紙舞臺（見192頁）、《好大的蘿蔔》紙偶（附於書末）

（在舞臺一側放上蘿蔔，
老爺爺登場，往蘿蔔的方向走近）

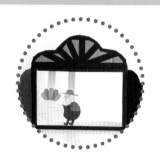

老爺爺　蘿蔔長這麼大了啊！那要來拔蘿蔔了！
（拉著蘿蔔）嘿喲！嘿喲！怎麼拔不起來呢？
喂，老伴～老伴！

老奶奶（登場）老頭子你叫我嗎？
老爺爺　快來幫我拔，這蘿蔔一直拔不起來。
老爺爺＋老奶奶　嘿喲～嘿喲～
老奶奶　小孫女（可換成孩子的名字）！來幫忙拔蘿
蔔！
小孫女（登場）來了！

小狗狗（登場）汪汪？
小孫女　狗狗快來幫忙，這蘿蔔拔不起來！
老爺爺＋老奶奶＋小孫女　嘿喲，嘿喲！
小狗狗　汪汪！汪汪！嗚～汪！
小孫女　喵喵，你也一起來幫忙！
小貓咪（登場）喵～嗚？

老爺爺＋老奶奶＋小孫女　嘿喲！嘿喲！嘿～喲！
小狗狗　汪汪，汪汪！汪汪，汪汪！嗚～汪！
小貓咪　喵嗚，喵嗚！喵嗚，喵嗚！喵～嗚！

小老鼠（登場）　吱吱！
小孫女　小老鼠，你也來幫忙！
老爺爺＋老奶奶＋小孫女　嘿喲！嘿喲！嘿～喲！
小狗狗　汪汪，汪汪！汪汪，汪汪！嗚～汪！
小貓咪　喵嗚，喵嗚！喵嗚，喵嗚！喵～嗚！
小老鼠　吱吱，吱吱！吱吱，吱吱！吱吱吱！

（拔起蘿蔔）

老爺爺　終於，終於拔起來了！
老奶奶　感謝大家的幫忙，今晚我們一起來開蘿蔔派對！
全部的角色　哇～！好耶！

紙舞臺劇：
石頭湯

兒童心理學專家建議

孩子得不到自己想要的東西時，怎麼辦？透過這個劇本，孩子會學習到即使需求不能立刻被滿足，也能先以正向的心態接受現狀，再視情況提出具體的請求或協助。遊戲過程中，孩子們可能會採用「拿OO回來給我」的命令句表達自己的需求，但是使用命令句無法讓孩子學習到有禮貌的請求方式，所以大人此時要教導孩子在請求時，採用「可以幫我拿OO嗎？」、「我需要OO，可以給我嗎？」、「如果你有OO的話，可以給我嗎？」的句型來和同伴溝通為佳。

紙舞臺（見192頁）、《石頭湯》紙偶（附於書末）

（舞臺一側站著狐狸，另一側有其他的動物）

狐狸　嗚嗚，我好餓！請分我一點食物吧！
兔子（逐漸遠離）我家也沒有東西吃，沒有食物給你！
豬（轉過身）吃的？我都沒得吃了，沒有食物給你！
熊（搖搖身體）我們也餓啊，沒有，沒有食物給你！
狐狸（小聲的嘆口氣）唉。這個村子一點人情味都沒有。
咦？這裡有一塊大石頭耶！嗯……啊哈！我有個好主意！

（舞臺中間出現一個大鍋子）

狐狸（大聲說）這裡有個看起來很好吃的石頭耶～
我要煮一鍋最好吃的石頭湯！
把石頭放進鍋裡，加點水等煮滾～

兔子＋豬＋熊（靠近狐狸一點）什麼？石頭也可以煮湯？

兔子　可以用石頭煮好喝的湯嗎？

狐狸　是啊，會是很好喝的湯！

熊　咦～騙人的吧！

狐狸　不不不，你聞聞，是不是已經有香味了呢？

豬　齁齁，好像有耶……

狐狸　啊，如果可以加一點紅蘿蔔的話，一定會更好吃！

兔子（離開舞臺一下又回來）這裡有紅蘿蔔！

狐狸　如果能再加點馬鈴薯的話，就會更更好吃！

豬（離開舞臺一下又回來）這裡有馬鈴薯！

狐狸　現在如果再加點白菜，就真是太美味了！

熊（離開舞臺一下又回來）我有白菜！

狐狸　謝謝，現在通通放下去了，就等食材煮熟啦！

全部的角色　哇！真的好香～

太神奇了，石頭居然也可以煮出香濃美味的湯！

角色扮演遊戲

紙舞臺劇：
布萊梅樂隊

兒童心理學專家建議

《布萊梅樂隊》是一個和「傷心、難過」的朋友聊天，同時藉由享受音樂，獲得情緒宣洩效果的故事。這項活動可以讓孩子內心平靜，特別是透過故事人物來表現情緒，孩子會較有安全感，也更願意說出內心的想法，當孩子不知道如何表達自己的情緒時，大人可以預先準備寫著：「快樂」、「悲傷」、「憤怒」等情緒的小卡，在玩紙舞臺劇時，引導孩子利用情緒字卡表達。

紙舞臺（見192頁）、《布萊梅樂隊》紙偶（附於書末）

（動物們悲傷地哭著，依序登場）

毛驢　嗚嗚嗚～主人好過分，嫌我老了要趕我走……
狗　　汪汪！我也因為抓不到小偷而被趕出來……
貓　　喵喵～我是抓不到老鼠就被趕出來……
雞　　咕咕，咕咕咕，主人要把我殺來吃，我只好逃跑！

毛驢　原來你們跟我一樣啊……
那，大家要不要一起離開這裡去旅行呢？
我們可以組成一支樂隊，在城市裡唱歌給大家聽如何？
所有的角色　好啊好啊！

（舞臺一側出現了房子，從窗戶可以看到小偷的影子）

狗　太陽下山了，今天晚上要睡哪呢？

貓　咦？你們看！

小偷們　今天偷回好多東西，我們發大財了！

雞　那是小偷的家嗎？他們看起來怪怪的⋯⋯

毛驢　有睡覺的地方、有食物，真羨慕啊。

貓　嘿！我有個好主意，你們過來聽聽～

（動物們集合討論後，決定一起走向那個房子，
邊晃動身體、邊大聲喊叫）

所有的角色（同時大聲喊叫）咕咕咕！汪汪汪！兮兮兮！喵喵喵！

小偷們（驚嚇）這是什麼聲音？外面有什麼？有鬼啊！快逃！

（小偷們從舞臺消失）

所有的角色　哇！我們趕走小偷了！

紙舞臺劇用紙偶

附上《好大的蘿蔔》、《石頭湯》、《布萊梅樂隊》登場的各個角色的紙偶，
剪下之後，在紙偶背後貼上厚紙板或是木筷，就可以從舞台上方操縱紙偶，
演出不同的劇本。
那麼，現在就一起來玩紙偶劇遊戲吧！

搭配
p.194-195
《好大的蘿蔔》

搭配
p.196-197
《石頭湯》

搭配
p.198-199
《布萊梅樂隊》

挖開窗戶
就能看到
小偷紙偶

用美工
刀割下

用美工
刀割下

用美工
刀割下

用美工
刀割下

用美工
刀割下

用美工
刀割下

作 者 / 四方形大叔（李源杓）

定 價 / 499 元

ISBN / 9789866220364

YouTube 百萬點閱「四方形大叔」教你
用一張紙取代手機平板，透過吸睛豐富的趣味主題，
引領孩子進入「創意啟發 × 邏輯思考 × 專注培養」
綜合能力的訓練，啟動孩子的腦內升級，
成就感滿分，越玩越聰明！

完成！

由上往下對折

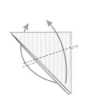

沿線往內壓摺，
摺出頭部

兩側往斜上方反摺，
做出翅膀

台灣廣廈 國際出版集團
Taiwan Mansion International Group

國家圖書館出版品預行編目（CIP）資料

專為孩子設計的親子互動遊戲大全集：7大增能領域×153款遊戲提案，滿足好奇心、玩出同理心、提升社交力！／崔延朱，丁德榮作；陳聖薇譯. -- 新北市：美藝學苑出版社，2021.05
面；　公分. --（美的玩藝；12）
ISBN 978-986-6220-38-8（平裝）

1. 育兒 2. 親子遊戲

428.82　　　　　　　　　　　　　　　　　　　110004821

 美藝學苑

專為孩子設計的親子互動遊戲大全集
7大增能領域×153款遊戲提案，滿足好奇心、玩出同理心、提升社交力！

作　　　者／崔延朱、丁德榮　　　編輯中心編輯長／張秀環・編輯／彭文慧
審　　　訂／崔殷貞　　　　　　　封面設計／張家綺・內頁排版／菩薩蠻數位文化有限公司
翻　　　譯／陳聖薇　　　　　　　製版・印刷・裝訂／東豪印刷有限公司

行企研發中心總監／陳冠蒨　　　媒體公關組／陳柔彣
　　　　　　　　　　　　　　　綜合業務組／何欣穎

發　行　人／江媛珍
法 律 顧 問／第一國際法律事務所 余淑杏律師・北辰著作權事務所 蕭雄淋律師
出　　　版／美藝學苑
發　　　行／台灣廣廈有聲圖書有限公司
　　　　　　地址：新北市235中和區中山路二段359巷7號2樓
　　　　　　電話：（886）2-2225-5777・傳真：（886）2-2225-8052

代理印務・全球總經銷／知遠文化事業有限公司
　　　　　　地址：新北市222深坑區北深路三段155巷25號5樓
　　　　　　電話：（886）2-2664-8800・傳真：（886）2-2664-8801
郵 政 劃 撥／劃撥帳號：18836722
　　　　　　劃撥戶名：知遠文化事業有限公司（※單次購書金額未達1000元，請另付70元郵資。）

■出版日期：2021年05月
ISBN：978-986-6220-38-8

아이 중심 상호 놀이 : 미술 과학 자연 몸 역할 등 상호 창의 놀이 153
Copyright ⓒ 2020 by Choi Younju & Jung Ducyoung
All rights reserved.
Original Korean edition published by ICT Company Ltd (SOULHOUSE)
Chinese(complex) Translation Copyright ⓒ 2021 by Taiwan Mansion Publishing Co., Ltd.
Chinese(complex) Translation rights arranged with ICT Company Ltd (SOULHOUSE)
Through M.J. Agency, in Taipei.